Schloßromantik gleich nebenan

Schlösser und Burgen in Düsseldorf und Umgebung

Schloßromantik gleich nebenan

Schlösser und Burgen
in Düsseldorf und Umgebung

von Fritz Wiesenberger
mit Fotos von Walter Klein

Triltsch Verlag Düsseldorf

Der Verlag dankt Frau Anke Schriefers, Düsseldorf-Benrath, die mit ihrem Lichtbildervortrag „Burgen und Schlösser im Düsseldorfer Stadtgebiet" den Verlag zu dieser Buchveröffentlichung anregte.
Einige der hier vorliegenden Beschreibungen wurden erstmals in der Zeitschrift „Düsseldorfer Hefte" (Triltsch Verlag Düsseldorf) des Jahrgangs 25 (1980) veröffentlicht, für dieses Buch überarbeitet und teilweise erweitert, sowie für die 2. Auflage aktualisiert.
Der Schutzumschlag zeigt die Südseite von Schloß Benrath.

2., aktualisierte Auflage

Satz alfa-satz Triltsch Düsseldorf
Herstellung Triltsch Druck und Verlag Düsseldorf 62428.2.2.833
ISBN 3–7998–0007–7

Inhalt

Der Alte Schloßturm – vom Fluch erlöst?

Er gehört zu den prominentesten Düsseldorfern, breit und behäbig, nicht gerade eine blendende Schönheit, aber vielbesungen und sagenumwoben, ein liebevoll gehütetes Unikum und Markenzeichen der Altstadt. Wenn man irgendwo in der Welt ein Bild von Düsseldorf entdeckt, dann ist er in 90 Prozent aller Fälle darauf zu sehen und weckt Heimatgefühle: der Alte Schloßturm, das den Düsseldorfern kostbarste Verkehrshindernis an der Rheinuferstraße. Sollte dereinst, was der liebe Gott und die Vernunft der Stadtväter verhüten mögen, der noch immer mächtige Moloch Verkehr Anstalten machen, den Schloßturm zu verschlucken, so würden ihn zweifellos die Düsseldorfer bis zur allerletzten Instanz mit bloßen Fäusten verteidigen. Ein Abriß des Schloßturms wäre wohl das Allerschlimmste, was Düsseldorf widerfahren könnte.

Dabei ist das Verhältnis der Düsseldorfer zum Alten Schloßturm – wie häufig bei innigen Liebesverhältnissen – nicht ohne Tücken. Hans Müller-Schlösser, „Schneider-Wibbel"-Autor und unbestrittener Kenner des Düsseldorfer Gemüts, vertritt in seinem Buch „Die Stadt an der Düssel" sogar die Auffassung, auf dem Turm liege ein Fluch, daß er ewig dastehen müsse, sich und der Stadt zur Last. Dieser Fluch laste auf ihm seit der Nacht im Jahre 1597, in der die unglückliche Markgräfin Jakobe von Baden, Gemahlin des geisteskranken Herzogs Johann Wilhelm, in einem Turmzimmer ermordet wurde. Dieser Tod, dessen nähere Umstände noch immer nicht genau geklärt sind, bildet den historischen Kern der Sage von der „Weißen Frau", die ruhelos und auf ewig unerlöst im Schloßgemäuer umherspukt.

Stadthistoriker Dr. Weidenhaupt glaubt auf Grund einer erst 1966 aufgefundenen Zeichnung, daß die des Ehebruchs bezichtigte Markgräfin mit an Sicherheit grenzender Wahrscheinlichkeit erdrosselt wurde. Wo die verruchte Tat geschah, ob im Schloßturm oder anderswo im Schlosse, ist nicht mehr nachweisbar. Fest jedoch steht, daß der Turm immer wieder erstaunliche Widerstandskraft gezeigt hat. Ob das Schloß zerschossen wurde oder verbrannte – der runde Turm überlebte.

Über seine Entstehungszeit gibt es keine klaren Daten. Während ein Teil der Quellen meint, daß er in seinem Kern aus dem 14. Jahrhundert stamme, heißt es bei anderen Autoren, daß er erst Mitte des 16. Jahrhunderts entstanden sei. Sein Ursprung schwankt in der Geschichte. Wenn die erstgenannte Annahme stimmt, müßte er schon Bestandteil der alten Burg gewesen sein, die um die Mitte des 14. Jahrhunderts als Schutzbau für die von den Grafen von Berg errichtete Zollerhebungsstätte nachweisbar ist. Die in der Folgezeit mehrfach erweiterte und zum schloßähnlichen Wohnsitz umgestaltete Burg brannte am 23. Dezember 1510 fast vollständig nieder. Inwieweit der Turm, falls er bis dahin existiert hat, den Brand überlebte, weiß heute niemand mehr. In den folgenden Jahrzehnten entstand dann unter Herzog Wilhelm dem Reichen das Renaissanceschloß, das im Nordosten von dem mächtigen, entweder völlig neugebauten oder auf alten Resten wiedererrichteten runden Turm flankiert wurde. Es ist der altvertraute Schloßturm, der sich in seinem wesentlichen Bestand bis heute erhalten hat.

Allerdings mußte er sich in seiner äußeren Gestalt im Laufe der Jahrhunderte verschiedenen Veränderungskuren unterziehen. Auf Stadtansichten um 1700 erscheint er kleiner, untersetzter und deshalb korpulenter als heute und trägt eine geschweifte Kuppel mit Laterne und putzigem, zwiebelförmigen Abschluß. Diese Dachform wird dem italienischen Baumeister Pasqualini zugeschrieben. Das neuneckige dritte Geschoß mit den ein Kranzgesims tragenden toskanischen Halbsäulen aus dieser Zeit ist noch heute erhalten. Die heutige Turmbekrönung und das Zwischengeschoß mit den doppelten Rundbogenfenstern sind dagegen weit jüngeren Ursprungs. Sie sollen auf eine architektonische Idee des Romantikers auf dem preußischen Königsthron, Friedrich Wilhelm IV., zurückgehen. Es heißt, S.M. habe persönlich zum Zeichenstift gegriffen. Das königliche Interesse am Schloß muß jedenfalls sehr lebhaft gewesen sein, denn der Monarch erschien am 5. August 1845 persönlich zur Grundsteinlegung für einen neuen, nordöstlichen Schloßflügel, in dem die Ständeversammlung untergebracht werden sollte.

An dieses frühe Ständehaus, das 1872 bei dem großen Brand wie das gesamte übrige Schloß vernichtet wurde, erinnert heute nur noch das viersäulige Portal des Schloßturms aus rötlichem Sandstein, das nach dem Brand aus den Ruinen geborgen werden konnte. Nur der gute alte Schloßturm hatte wieder einmal überlebt, und das gerettete Tor wurde ihm an der Stelle einverleibt, an der sich früher der Nordostflügel des Schlosses angefügt hatte.

Der alte Fluch, der das Turmgemäuer zum ewigen Überleben verurteilt und den Stadtvätern Sorgen bereitet, war also auch 1872 wirksam. Ebenso eindrucksvoll ist seine fortdauernde Kraft bei weiter zurückliegenden historischen Ereignissen gewesen. Bei der Explosion des Pulverturms im Jahre 1634 wurde das Schloß stark beschädigt, aber der runde Turm blieb unversehrt. Am 28. und 29. Juni 1758, im Siebenjährigen Krieg, veranstalteten die Hannoveraner ein Bombardement auf das Schloß. Es gab viele Schäden, aber der Turm widerstand. Er trotzte auch dem schweren Artilleriefeuer, mit dem die Franzosen am 4. Oktober 1794 in den Revolutionskriegen vom linksrheinischen Fort Düsselburg aus das Schloß eindeckten.

Freilich muß man einem so oft erprobten Fluch einiges nachsehen. Er kann nicht immer mit der gleichen Kraft walten. Ein paar Blessuren wird der Turm bei diesen Ereignissen schon davongetragen haben. So schlug ihm 1794 ein Artilleriegeschoß die geschweifte Kuppel mit dem zwiebelförmigen Abschluß herunter, und er muß dann ein halbes Jahrhundert hindurch, ehe ihn Friedrich Wilhelm IV. wieder bekrönte, ziemlich traurig ausgesehen haben. Und seit 1872, seitdem der Turm einsam und allein von der einstigen Düsseldorfer Schloßherrlichkeit zeugt, haben sich die Düsseldorfer immer wieder den Kopf darüber zerbrochen, was denn wohl mit dem alten Gemäuer anzufangen sei. Was konnte man darin unterbringen? Sollte es nur so als Baudenkmal ohne praktischen Nutzwert, Schloßturm ohne Schloß, stehenbleiben, unbegehbar und nur von außen zu betrachten?

Diese Fragen haben auch nach dem Zweiten Weltkrieg schon Generationen von Ratsherren beschäftigt. Immer wieder einmal wird der Vorschlag diskutiert, im Turm ein exklusives Café einzurichten oder eine urige Weinstube. Doch schon dabei zeigt sich, daß vielfach falsche Vorstellungen über das Innenleben des Turms bestehen. Nutzbar sind insgesamt – alle Geschosse zusammengenommen – höchstens 350 Quadratmeter. Die wären für einen Gastronomen schwer zu bewirtschaften, es sei denn, er könnte abenteuerlich hohe

Der Alte Schloßturm hat als Überlebenskünstler länger als ein halbes Jahrtausend alle Katastrophen überdauert. Während ringsum wiederholt alles in Schutt und Asche fiel, hielt er standhaft Wacht am Rhein. Im Hintergrund die Oberkasseler Brücke.

Preise nehmen. Ein nur für zahlungskräftige Gäste zugängliches historisches Bauwerk unter Obhut der Stadt wäre jedoch undenkbar.

Schon die Nazis meinten, daß der Turm nur einem volkstümlichen Zweck nutzbar gemacht werden könnte, und eröffneten hier am 5. Juli 1936, der in ganz Deutschland als „Tag der Artillerie" begangen wurde, ein Garnisonsmuseum. Alle Geschosse waren mit Erinnerungsstücken an Düsseldorfs militärische Vergangenheit – Waffen, Uniformen, Modellen von Festungsanlagen usw. – vollgepfropft, und die Düsseldorfer, die ihren Schloßturm endlich einmal von innen sehen wollten, strömten in Massen herbei. Auf den sehr engen Treppen entstand mehrfach lebensgefährliches Gedränge. Schließlich mußte das Museum polizeilich gesperrt werden. Die Zeitungen stimmten Lobeshymnen an, daß vom Burgplatz die damals dort befindlichen Marktbuden mit ihrem Käsegeruch verschwunden seien und der Alte Schloßturm mit seinem neuen Garnisonsmuseum der Festigung des Wehrgedankens diene.

Seitdem ist viel Wasser den Rhein hinuntergeflossen. Im Zweiten Weltkrieg kam der Turm mit ein paar Kratzern davon. Er wurde 1950 provisorisch instandgesetzt. Bis in die Mitte der siebziger Jahre residierten im Gemäuer die Malteser-Helfer, davor war es Domizil der katholischen Jugend, die bald nach der Währungsreform versucht hatte, durch eine Straßensammlung in der ganzen Stadt zur Instandsetzung beizutragen. Die Jugendgruppe der St.-Suitbertus-Pfarre zog mit dem aus Pappe und Latten zusammengebastelten Schloßturmmodell auf einem Dreirad-Lieferwagen durch die Straßen und forderte die Bevölkerung auf, zugunsten des geliebten Wahrzeichens der Heimatstadt ein Scherflein in die Sammelbüchse zu werfen.

Nun scheint, daß der vermaledeite Fluch – jedenfalls was die ewigen Sorgen der Stadt um den Verwendungszweck des Turms anlangt – endlich getilgt ist. 1978 beauftragte der Rat die Verwaltung mit der Planung für den inneren Umbau des Turms zur Aufnahme der Schiffsmodelle, von denen in den Magazinen des Stadtmuseums seit langem über hundert, zum Teil kostbare Exemplare lagern. Düsseldorf erhält also hier ein Schiffahrtsmuseum. Inzwischen ist die innere Erneuerung des Turms fast vollendet, ohne daß seine äußere Gestalt verändert wurde. Er verfügt jetzt über fünf Geschosse mit einem Aufzug und zwei zusätzliche Galerien.

Zu den Umbaukosten haben Bürger mit einer beispiellosen Sammelaktion beigetragen. Wer hätte gadacht, daß die Düsseldorfer für ihr geliebtes Wahrzeichen so bereitwillig ins Portemonnaie greifen würden! Der Kontostand der „Aktion Schloßturm" betrug zum Jahresbeginn 1983 fast 1,8 Millionen Mark. Unter den Spendern waren viele Firmen und Organisationen, aber auch zahlreiche Einzelpersonen.

Nicht weniger als 750 Kubikmeter Schutt mußten aus dem alten Gemäuer gefahren werden. Fast 500 Kubikmeter Mauerwerk wurden ausgebrochen. Noch immer birgt der Turm manches Geheimnis. In dem aus verschiedenen Steinarten bestehenden Mauerwerk fand man Zuganker, deren Zweck sich nicht mehr eindeutig erklären läßt. Zu Beginn der Umbauarbeiten hieß es sogar, man hätte unter dem Turm ein bisher unbekanntes Gewölbe entdeckt.

Solche Nachrichten regen natürlich die Fantasie an. War man einem Burgverlies auf die Spur gekommen? Haben unter dem Burgplatz einst Gefangene bei Wasser und Brot in Ketten gelegen? Die Bauleute sahen es nüchterner. Sie meinten, daß das Gewölbe lediglich als Tragekonstruktion für den darüberliegenden Kellerboden des Turms gedient habe. Außerdem stellte sich heraus, daß die vermeintliche Neuentdeckung des geheimnisumwitterten Gewölbes so brandneu gar nicht war. Im Stadtarchiv liegt nämlich ein unmittelbar nach dem großen Schloßbrand 1872 erschienenes Bändchen des Notars und Hobby-Historikers Karl Leopold Strauven mit dem Titel „Geschichte des Schlosses zu Düsseldorf von seiner Gründung bis zum Brand am 20. März 1872". Darin heißt es: „Der erwähnte schwere runde Turm hat noch ein Burgverlies mit enger Öffnung ohne irgendwelche Lichtöffnung."

Benrath: Schloß und Park als Kunstwerk

Festliche Ouvertüre: Das Parktor an der Westseite des Schlosses mit Blick auf den Spiegelweiher.

„Der Krieg mit allen seinen Schrecken geriet im Verkehr mit diesem liebenswürdigen und wohlwollenden Mann in Vergessenheit." – Das hat einer der Hofmaler der Herzöge von Pfalz-Zweibrücken über Nicolas de Pigage gesagt, der zu jener Zeit in einer Mannheimer Hofbedientenwohnung als Oberbaudirektor a.D. des Kurfürsten Karl Theodor seine Pension verzehrte und 1796, dreiundsiebzigjährig, kinderlos verstorben ist. Pigage stammte aus Lunéville in Lothringen, war nach Ausbildung an der Pariser Akademie und Reisen in Italien und England 1749 in den Dienst des Kurfürsten getreten und hatte schon als Zweiunddreißigjähriger den Auftrag zum Bau des Benrather Schlosses erhalten, das als sein Hauptwerk gilt: ein duftiges, zartes Gebilde, eines der bedeutendsten Gartenschlösser des Rokoko. Den Krieg mit allen Schrecken vergessen lassen – das könnte auch als Motto für Pigages heiteres, beschwingtes Werk in Benrath gelten.

Im Barock wurde der Park als Teil des Bauwerks gesehen. Gartenkunst und Baukunst waren ineinander verwoben und lagen meist in einer Hand. 1749 war Pigage am Mannheimer Hof Karl Theodors zum Intendanten für Gärten und Wasserkünste ernannt worden, drei Jahre bevor die Berufung zum Oberbaudirektor erfolgte und der „Zauberer von Benrath" begann, den Benrather Wildpark mit seinem Wildwuchs in einen Park des Rokoko zu verwandeln. Das Ergebnis mit dem wunderbaren Zusammenspiel von Architektur und Natur empfinden wir noch heute als Kunstwerk. Wer Schloß Benrath besuchen will, meint damit auch den Park, den Schloß- und den Spiegelweiher, die Kaskaden im Französischen Garten an der Ostseite des Schlosses und die herrlichen Perspektiven – ganz gleich, ob man vom Schloß hinausblickt auf Weiher und Alleen oder vom Park aus den Blick auf das Schloß richtet.

Hier besteht eine reizvolle Kommunikation zwischen allen Dingen, die das Auge wahrnimmt. Dieser Eindruck entsteht schon, wenn man von der Schloßallee her die Nordfront des Schlosses betrachtet mit den nach beiden Seiten vorgreifenden Armen der Kavaliershäuser und Torhäuser, die den Weiher umschließen, ihm die Rolle eines großen Vorplatzes zuweisen und zum Besuch des auf der Mittelachse stehenden Hauptbaues einladen.

Schon in diesem Augenblick beginnt das Spiel der schönen Täuschungen. Der Hauptbau mit dem konvex geschweiften Mansarddach und dem krönenden Dreiecksgiebel scheint eingeschossig zu sein. In Wirklichkeit ist der Bau aber viergeschossig – und wenn man die Musikempore im Belvedere des Kuppelsaales mitrechnet, sogar fünfgeschossig. Hier werden große Dimensionen in täuschende Miniaturformen aufgelöst. Die wahren Größenverhältnisse werden nicht mit donnerndem Pathos ins Monumentale gesteigert, wie wir es beispielsweise bei den Staatsbauten des sogenannten tausendjährigen Reiches erlebt haben, sondern sie verstecken sich in zierlichen Verblendungen.

Das scheinbar so kleine Schloß hat 83 Zimmer, Säle und Nebenräume. Die Fenster der Zwischengeschosse gehen teilweise nach zwei ovalen Innenhöfen, die der Bau vollkommen verbirgt. Im Schloß befinden sich allein sieben Treppenanlagen. Das Ganze erscheint auf den ersten Blick wie ein Irrgarten mit einer Unzahl von Zimmerchen, Gängen und Stiegen. Doch sehr bald entpuppt sich alles als raffiniert ausgeklügeltes symmetrisches System mit gleichen Hälften und

Ein Gedicht aus Blüten, Bäumen und barocker Bildhauerkunst. Blick vom südlichen Schloßvorplatz über einen Teil des „Figurenparks" in die östliche Fächerallee.

dem durch alle Stockwerke gehenden Kuppelbau in der Mitte der Parkseite. Der Dichter Emil Barth hat das neckische Verwirrspiel in seinem Roman „Der Wandelstern" so beschrieben: „Das zierliche Schloß mit seiner Unzahl von Zimmern mußte früher von elfischen Geschöpfen bewohnt gewesen sein ... Es war ein richtiges Zauberschloß: in den seidenen Blumentapeten öffneten sich plötzlich geheime Türen, aus denen wie der Geist einer verstorbenen Zeit ein Schwall von modriger Kühle herausfiel; verborgene Treppen mündeten hinter Spiegeln; Kammern, Alkoven, Gänge taten sich in dem schmuckhaften Rahmenwerk der Wände auf. Selbst die Erwachsenen lockte es zu einem heiteren Versteckspiel, unvermutet war jemand zurückgeblieben und rief zum Erschrecken und Gelächter irgendwo hinter einer Tapete ein Wort mit verstellter Stimme. Wußten wir denn noch, wo wir waren, ob oben oder unten in diesem Labyrinth?"

Das Labyrinth war für die dienstbaren Geister, für Dienerschaft und Hofdamen bestimmt. Die achteckigen fürstlichen Schlafzimmer mit Garderobe- und Ankleideräumen sowie Badestuben, für die Kurfürstin an der Ost-, für den Kurfürsten an der Westseite, liegen im Erdgeschoß. Die festliche Flucht der Gartensäle an der Parkfront mit dem Blick durch die ganze Länge des Baues einschließlich des Kuppelsaales war für die Repräsentation gedacht. Von großer Schönheit ist der

Blick aus dem Kuppelsaal in die endlos scheinende Weite des Spiegelweihers. Pigage wollte am Ende des Weihers als krönenden Abschluß und Blickpunkt wahrscheinlich eine Gloriette, einen pavillonartigen Säulenbau errichten, aber es ist nicht mehr dazu gekommen. Ein Entwurf dafür von Pigages Hand ist im Besitz des Kurpfälzischen Museums in Heidelberg.

Nach Vollendung des Schlosses um 1770 wurden zunächst keine großen Feste gefeiert. Als mit dem Bau begonnen worden war, soll Karl Theodor ernsthaft daran gedacht haben, in Benrath eine niederrheinische Dependance seines Mannheimer Hofes zu errichten. Doch dann kam der Siebenjährige Krieg dazwischen. Die rauhe Wirklichkeit holte die schönen Träume des kunstsinnigen Fürsten und seines phantasievollen Baumeisters wieder ein. 1777 wurde Karl Theodor auch Kurfürst von Bayern. Seine Residenzstadt war nun München; Schloß Benrath blieb verwaist – der Bauherr hat nie hier gewohnt. Er soll nur noch 1785 einen kurzen Tagesbesuch gemacht haben. Vier Jahre später begann die Französische Revolution, und die folgenden Revolutionskriege verwüsteten auch das Land am Niederrhein. Schloß Benrath wurde wie die meisten anderen Schlösser besetzt, beraubt und demoliert. Gitter, Beschläge, sogar das Blei von den Dächern wurden demontiert. Die kostbaren Möbel waren rechtzeitig eingemauert worden.

Erst zu Beginn des neuen Jahrhunderts begannen sich die Verhältnisse zu stabilisieren. 1804 zog für kurze Zeit Herzog Wilhelm von Bayern als Statthalter des Kurfürsten Max Joseph ins Schloß. Dann gab es ein glanzvolles Zwischenspiel, als unter der napoleonischen Herrschaft Napoleons Schwager Murat als Landesherr des Großherzogtums Berg hier residierte. Damals malte der Franzose Charles Vernet das berühmte Bild mit der vierspännigen Hofequipage vor dem Schloßweiher, das im Salon Murat im Élysée hängt, dem Sitz des französischen Staatspräsidenten. Eine Kopie aus dem Besitz der Düsseldorfer Kunstsammlungen schmückt den Jan-Wellem-Saal des Düsseldorfer Rathauses.

Die Preußen, die 1815 die Herrschaft übernahmen, sollen nach übereinstimmender Meinung zahlreicher Chronisten ziemlich lieblos mit dem kostbaren Besitz umgegangen sein. Sie bezahlten zwar die letzten, noch immer offenen Rechnungen aus der Bauzeit, waren aber sonst recht knauserig. Es wurden nur die nötigsten Reparaturen ausgeführt. Bei den Vorbereitungen für den Besuch des Königs Friedrich Wilhelm IV. im Jahre 1842 schlug der Akademiedirektor Wilhelm von Schadow allen Ernstes vor, die ganze Malerei der Kuppel abzukratzen, um sie dann schön blau zu machen und mit goldenen Sternen zu verzieren. An der höchsten Stelle, der Laterne, stellte sich Schadow ein Ölgemälde mit einer Germania-Figur vor. Zum Glück ist diese „Verschönerung" aus nicht geklärten Gründen unterblieben.

Aloys Hermanns, Hauptlehrer in Benrath, berichtet in seiner 1889 erschienenen „Geschichte von Benrath" die ergötzliche Episode vom alten Kaiser Wilhelm, der während der Kaisermanöver 1877 im Schloß übernachtete und zum Entsetzen der Denkmalpfleger neben dem Feldbett eigenhändig einen Nagel zum Aufhängen seiner silbernen Taschenuhr in die Wand schlug. Doch 1911, als die preußische Krone das Schloß für eineinhalb Millionen Mark an die Gemeinde Benrath verkaufte, enthielt der Kaufvertrag immerhin die Auflage, das Bauwerk architektonisch unangetastet zu lassen.

Dieser Auflage hätte es sicher nicht bedurft, denn die Benrather erwiesen sich als aufmerksame Hüter ihres Schatzes. Seit der Eingemeindung 1929 ist die Stadt Düsseldorf Schloßherrin. Nach dem Zweiten Weltkrieg wagte die junge Stadtdemokratie hier bei Stadtempfängen auf sorgfältig abgedeckten Parkettfußböden die ersten Schritte zur Wiederaufnahme eines offiziellen gesellschaftlichen Lebens. Im Kuppelsaal empfing der Oberbürgermeister seine Gäste im Frack und mit vom Protokollchef verordneten weißen Handschuhen, während von der Musikempore aus der Kuppel das Solo eines unsichtbaren Trompeters vernehmbar war.

Etwa um diese Zeit begannen auch schon die Vorbereitun-

Blick aus dem Kuppelsaal in den westlichen Gartensaal. Das Deckenbild mit dem Götterhimmel stammt – wie auch das Deckenbild im östlichen Gartensaal – von Lambert Krahe, dem ersten Direktor der Düsseldorfer Kunstakademie.

Harmonie der Raumkunst, in die Boden, Wände, Türen, Fenster, Bilder und Decke einbezogen sind. Kabinett der Kurfürstin an der Ostseite des Schlosses mit Blick ins Schlafzimmer.

gen für das größte Restaurierungswerk in der Geschichte des historischen Benrather Besitzes. Es erstreckt sich nicht nur auf Pigages Rokokoschloß, sondern auch auf die Restteile eines älteren Benrather Schlosses aus der Zeit des Pfalzgrafen Philipp Wilhelm im 17. Jahrhundert. Seine zweite Gemahlin hatte 1662/63 von Johann Lollio, genannt Sadeler, der auch am Bau der Düsseldorfer Andreaskirche beteiligt gewesen war, im Benrather Wildpark ein barockes Wasserschloß errichten lassen, das mit seinem Hauptbau im Spiegelweiher lag. Von diesem Schloß blieb nur ein später unter Kurfürst Jan Wellem umgebauter Flügel übrig. Seit 1967 dient dieses Bauwerk mit sorgfältig restaurierten wertvollen Stuckdecken und einem kunstgeschichtlich bemerkenswerten Treppenhaus nach sechsjährigen Umbau- und Renovierungsarbeiten unter der Bezeichnung „Orangerie Benrath" als Kulturzentrum für den Düsseldorfer Süden. Als Hörer der Volkshochschule, als Leser der Stadtbüchereien oder Besucher von Kunstausstellungen und zahlreichen anderen kulturellen Veranstaltungen haben die Bürger inzwischen dieses Kulturzentrum mit Leben erfüllt.

Die Restaurierungsarbeiten am Hauptbau des Rokokoschlosses gehen dem Ende entgegen. Schon 1981 konnte man den prächtigen Kuppelsaal und die flankierenden Gartensäle wieder besichtigen. Wenn sich das Schloß in Kürze wieder als prachtvolles architektonisches Gesamtkunstwerk präsentiert, ist eine neun Jahre lange Restaurierung abgeschlossen. Die Kosten betrugen rund 25 Millionen Mark, an denen sich das Land zur Hälfte beteiligt, weil im Schloß Staatsempfänge stattfinden sollen. Es zeigte sich, daß die Schäden an den kostbaren Stukkaturen, vergoldeten und farbigen Schnitzereien, an Decken und Wänden, Spiegeln, Dekkengemälden und Bildern über den Türen, Parkett- und Marmorböden größer waren, als man ursprünglich angenommen hatte.

Unter der umsichtigen Leitung der Kunsthistorikerin Dr. Irene Markowitz, stellvertretende Leiterin des Stadtmuseums und seit ihrer Jugend mit dem Schloß vertraut, ist die Stadt seit Jahren bemüht, das Bauwerk wieder stilgemäß zu möblieren. Als die Gemeinde Benrath 1911 das Schloß übernahm, war es leer bis auf Tische und Spiegel, die im Stil des Rokoko mit den Wänden verbunden waren. Schon im Juli 1841, vor dem Besuch Friedrich Wilhelms IV., hatten Düsseldorfer Stellen beim Ministerium des Königlichen Hauses in Berlin auf die äußerst kärgliche Möblierung der Schloßräume hingewiesen. Prinzessin Wilhelmine Luise, Gattin des ab 1821 im Düsseldorfer Jägerhof als Divisionskommandeur residierenden Hohenzollernprinzen Friedrich von Preußen, hatte, wenn sie zum Sommeraufenthalt ins Benrather Schloß kam, immer ihre Möbel aus dem Jägerhof im Möbelwagen vorausschikken müssen. Jetzt ist die Ausstattung fast wieder vollständig. Jedes Stück hat seine Geschichte: Kaminuhren, Schminktischchen, Sekretäre und Kommoden, Kanapees, Kaminschirme sowie Gläser, Porzellan und Fayencen, ja sogar zwei Kaminblöcke als stilgemäßer Ersatz für zwei verschollene, bronzene und feuervergoldete Kaminblöcke, die 1770 auf Anordnung von Pigage per Schiff von Mannheim nach Benrath transportiert wurden. Mit großer Akribie war man bemüht, dem Schloß in allen Einzelheiten sein historisches Gesicht zurückzugeben. Wo Pläne fehlten, orientierten sich die Restaurateure auch an zeitgenössischen Gemälden.

Benrath steht auf dem Programm fast aller Besucher aus aller Welt, die nach Düsseldorf kommen. Benrath – damit sind stets Park und Schloß gemeint. Man bewundert dieses Kleinod großer Baukunst aus dem Rokoko und wandert durch den herrlichen Park, der einst als Wildpark und Jagdgehege für die in Düsseldorf residierenden Herzöge und Kurfürsten diente. Pigage gestaltete ihn zu einem Rokokopark mit großen Längs- und Diagonalachsen um. Von seinen reizvollen kleinen Zierbauten, steinernen Sitzgruppen und Figuren, die in älteren Schriften gerühmt werden, findet sich keine Spur mehr. Doch der Grundriß von Pigage, der auch den Schwetzinger Park gestaltet hat, blieb erhalten. Park und Schloß bilden eine wundervolle Einheit, an der sich hoffentlich noch viele Generationen erfreuen können.

Schloß Elbroich, ein Schatz im Verborgenen

Wenn man von Süden, von der Himmelgeister Straße her, in den Park Elbroich kommt, ist es durchaus verzeihlich, daß man als Fremder den nächsten Spaziergänger verwundert fragt, wo sich denn wohl das Schloß Elbroich eigentlich befinde. Von Süden gesehen ist das Schlößchen nämlich nur noch Teil eines Gebäude-Ensembles, dessen hervorstechende Dominante das neue Fachkrankenhaus für Geriatrie bildet. Dieses Haus, das sich als eine der vorerst in der Bundesrepublik noch sehr wenigen Einrichtungen dieser Art ausschließlich der Behandlung alter kranker Menschen widmet, ist auf Steinwurfnähe an das Schloß herangerückt.

Direkt vor der Einfahrt in den Schloßhof stehen die pavillonartigen Flachbauten der Fachschule für Sozialpädagogik und geben den Blick aufs Schloß erst frei, wenn man unmittelbar davorsteht. Wer einen ungefähren Eindruck gewinnen will, wie es früher hier ausgesehen haben mag, der sollte von Norden aus Richtung der Kölner Landstraße und Bonner Straße in den Park gehen und erleben, wie das Schloß im leicht gewellten Wiesengrund zwischen prächtigen alten Bäumen auftaucht. Einen Augenblick könnte man sich dann der Illusion hingeben, irgendwo in einer der berühmten englischen Parklandschaften zu sein – hier, mitten in Holthausen.

Elbroich ist eine Sehenswürdigkeit, auf die man meist erst mit Nachdruck aufmerksam machen muß. Kritiker moderner Wohnbauarchitektur rühmen die Einbettung der Henkel-Siedlung in die Randzonen des Parks; hier gehen Parklandschaft und Wohnbereiche fließend ineinander über. Die meisten Ausflügler aber fahren an Elbroich vorbei nach Benrath. Elbroich hat schon immer die Rolle einer grauen, weniger beachteten Stiefschwester des glanzvollen, berühmten Rokokoschlosses ein paar Kilometer weiter südöstlich gespielt. Die Benachteiligung von Elbroich begann schon um 1760, als Nicolas de Pigage, der Erbauer des Schlosses Benrath, das Flüßchen Itter umleiten ließ, weil er das Wasser für die Wasserspiele im Benrather Schloßpark benötigte. Seitdem liegt die einstige Wasserburg Elbroich trocken.

Schloß Benrath ist bis heute ein von Gästen aus aller Welt bewundertes Baudenkmal geblieben, während Elbroich immer wieder den Wechselbädern der sich ständig wandelnden Baustile und Geschmacksrichtungen ausgesetzt gewesen ist. Lange Zeit hat das Schloß als komfortable Repräsentationsvilla eines erfolgreichen Industriellen gedient, und heute ist es schwierig, an dem mit allerlei Verandaräumen, Erkerchen, Türmchen und neuen Fenstern ausgestatteten Bau noch barocke Stilelemente auszumachen. Am ehesten ist das noch beim Turm mit der originellen Zwiebelhaube möglich, den ein Wetterfähnchen mit der Jahreszahl 1600 schmückt.

Das ist eine Erinnerung an Georg von Neuhoff, der 1602 die Erhebung Elbroichs zum Rittersitz bewirkt hat und die Burg zum Schloß ausbauen ließ. Der kluge Mann hatte im Jülich-Klevischen Erbfolgestreit zwischen Brandenburg und Pfalz-Neuburg um die Herzogtümer am Niederrhein, in dem dann Jülich-Berg mit der Hauptstadt Düsseldorf dem Hause Pfalz-Neuburg zugesprochen wurde, rechtzeitig für Pfalz-Neuburg Partei ergriffen, was ihm die Gunst des jungen Düsseldorfer Regenten Wolfgang Wilhelm und damit die Sicherung seines Besitzes für ihn und seine Nachkommen einbrachte. Zu Zeiten Jan Wellems um die Wende zum 18. Jahrhundert mag ein Abglanz der Düsseldorfer Hofhaltung auch auf Elbroich gefallen sein. Der Adel versuchte vielfach der Prachtliebe des Landesherrn nachzueifern. Elbroich entwickelte sich zum Barockschloß und erlebte seine erste Blütezeit.

Natürlich hat die Geschichte Elbroichs nicht erst mit den Neuhoffs begonnen. Holthausen, das früher einmal Langerweiher hieß, und damit auch Elbroich haben wahrscheinlich einst Arnold von Tyvern gehört, der im Jahre 1189 dem Grafen Engelbert von Berg seine rechtsrheinischen Besitzungen gegen eine Bezahlung von 100 Mark und das Recht verpfändete, lebenslänglich auf der Burg des Grafen freien Tisch zu haben. Elbroich war eine von Erlen bestandene und häufig durch den Rhein überschwemmte Bruchlandschaft. Als Eigentümer der Burg, die hier bestanden hat, tauchen später die Herren von Elnere (Eller) auf. Die Burg Elbroich scheint eine Art Dependance der Burg Eller gewesen zu sein. Besitzer von Elbroich waren gegen Ende des 16. Jahrhunderts die Edelherren von Retraidt, die das Anwesen mit Vertrag vom 14. April 1589 an Georg von Neuhoff verkauften.

Als Neuhoffs Erben im Mannesstamm ausgestorben waren, begann auf Elbroich die Herrschaft der Damen. Erbinnen wurden Gräfin Philippine Constantia von Mierczyska und ihre Schwägerin Amalie von der Horst-Berlepsch. Die Damen waren meist abwesend und hielten sich am Dresdner Hof auf, wo auch Amaliens Tochter als Hofdame lebte. Mutter und Tochter müssen in Dresden erheblichen Kapitalbedarf gehabt haben, denn sie ließen wiederholt Teile des Elbroicher Grundbesitzes verkaufen, bis sie sich schließlich 1802 völlig von Elbroich trennten. Neuer Besitzer wurde der Weihbischof von Hildesheim, Freiherr Karl Friedrich von Wendt. Er blieb es merkwürdigerweise nur zwei Jahre und hat hier nie gewohnt. Nächster Eigentümer wurde Freiherr Heinrich Lambert von Bertrab.

Nach mehreren Jahrzehnten der Verödung, in denen sich niemand um den Zustand des Besitzes gekümmert hatte, besaß das Schloß nun wieder eine ansässige Herrschaft. Das bekam ihm offensichtlich gut. Heinrich Lambert von Bertrab, sein Sohn Friedrich Anton und dessen Erbe, der Landgerichtsrat Karl von Bertrab, sorgten für erhebliche Gebietserweiterungen und Verschönerung der Anlagen. Doch der letzte Bertrab lebte als Minister des Fürstentums Schwarzenberg-Rudolstadt weit entfernt in Thüringen. Er verkaufte Elbroich 1852 an die Witwe Katharina Trinkaus. Sie war die Mutter von Christian Gottfried Trinkaus, der die Jaegersche Handlung in Düsseldorf zur Trinkausbank umgewandelt und damit die Grundlagen für die Entwicklung einer der größten deutschen Privatbanken geschaffen hat. Seine Enkelin Alice heiratete später den Kommerzienrat Hermann Heye, einen Sohn des Gründers der Gerresheimer Glashütte.

Nun begann die zweite Blütezeit von Elbroich. Nach Edel-

Viele Bauepochen haben hier ihre Spuren hinterlassen. Türmchen und Erker stammen aus der Zeit der Wende vom 19. zum 20. Jahrhundert.

Der älteste Teil von Schloß Elbroich mit dem von einer barocken Zwiebelhaube gekrönten Turm.

herren und Rittern, adligen Hofdamen und hohen Beamten der Biedermeierzeit residierten Bankiers und Industriemagnaten im Schloß. Die neuen Herren fanden in Elbroich einen idealen Sommersitz, abseits inmitten herrlicher Parkanlagen und doch mit der Kutsche bequem erreichbar. Nun standen auch wieder die für die Erhaltung eines solchen Eigentums notwendigen Mittel zur Verfügung. Hermann Heye, der Elbroich bei seiner Heirat mit der Enkelin des Bankgründers als Mitgift erhalten hatte, war schon als junger Mann außerordentlich erfolgreich gewesen. Als Fünfunddreißigjähriger leitete er um 1907 in Gerresheim die Umstellung der gesamten europäischen Glasindustrie auf den mechanischen Betrieb ein. Wie sich sein großzügiger Unternehmensdrang auf das Schloß ausgewirkt hat, ist heute kaum noch im Detail zu erkennen. Während seiner Zeit – er starb während des Zweiten Weltkrieges – vollzog sich die Wandlung des einstigen Barockschlosses zur großbürgerlichen komfortablen Villa, wobei freilich offenbleibt, was sich schon vorher seit der Herrschaft des Ritters Georg von Neuhoff und seiner Nachkommen im 17. Jahrhundert unter den rasch wechselnden Eigentümern jeweils verändert haben mag.

Man kann heute in Elbroich trotz dieser Veränderungen noch immer einen nostalgischen Spaziergang ums Schloß herum machen und dabei vergangenen Zeiten nachspüren. Von Norden her gesehen erscheint der Bau mit seiner hohen Einfriedung noch fast wie eine Burg. Wer das wappengeschmückte Tor hinter den Pavillonbauten der Fachschule für Sozialpädagogik geöffnet findet, kann einen Blick in den kleinen Schloßhof werfen und die zweigieblige Innenfront des Gebäudes betrachten. Das große, aus dem Schloßhof unmittelbar in den Park führende Tor ist verrostet und verrammelt, seine Steintreppen verfallen, der Weg vom Hof zum Tor längst überwachsen. Große Gartenfeste finden hier offensichtlich schon lange nicht mehr statt. Im Schloß war nach dem Zweiten Weltkrieg zunächst ein Kinderheim untergebracht. Jetzt dient es der Caritas als Tagungsstätte ihrer Fachseminare für Krankenpflege.

Die dritte Blütezeit von Elbroich hat 1954 begonnen, als die Stadt Düsseldorf den Park von den Erben Heye kaufte und ihn für die Bevölkerung öffnete. Seitdem gehört Elbroich zu den schönsten, in Jahrhunderten gewachsenen städtischen Parks mit historischer Vergangenheit. An seiner Gestaltung hat zu Zeiten der Bertrabs wahrscheinlich auch der Gartenkünstler Maximilian Friedrich Weyhe mitgewirkt. Der Park ist mit 15 Hektar immerhin mehr als halb so groß wie der Hofgarten und bietet in dichter Nachbarschaft mit den Fabrikschloten von Holthausen eine wertvolle grüne Oase für die Bevölkerung.

Schloß Eller – vom fürstlichen Witwensitz zur Modeschule

Wenn Prinzessin Wihelmine Luise, die von 1855 bis zu ihrem Tode 1882 auf Eller lebte, heute aus dem Mittelportal des Schlosses geschritten käme, könnten ihren Blicken die lila-grün gestrichenen Gebäudeblöcke der Gesamtschule und die bizarren Trümmer eines Abenteuerspielplatzes nicht entgehen. Wie die blaublütige Dame solche Eindrücke kommentiert hätte, steht in den Sternen. Sie wird als nervenleidend und geisteskrank beschrieben, aber sie muß auch – wenigstens zeitweise – mit den Musen auf vertrautem Fuß gestanden haben.

Während ihr Gatte, Prinz Friedrich von Preußen, ein Neffe König Friedrich Wilhelms III., der zunächst als Düsseldorfer Divisionskommandeur im Schloß Jägerhof ein glanzvolles Haus geführt hatte, später als General und Gouverneur der Festung Luxemburg militärische Karriere machte, vertrieb sich Wilhelmine Luise im weltabgewandten, stillen Eller ihre Zeit mit Malen. Das Stadtmuseum besitzt einige ihrer Gemälde. Über ihnen liegt idyllischer Friede. Eller erscheint wie ein Schloß im tiefen Walde. Zwischen hohen Bäumen und dichtem Buschwerk wandeln zwei oder drei schemenhafte Gestalten, ein Mann mit Windhunden ist zu erkennen, und auf dem von Tannen umsäumten Gewässer im Vordergrund ziehen zwei Schwäne dahin: das noch vom Hauch der Romantik umwehte Eller vor 120 Jahren.

Immerhin würde Wilhelmine Luise, wenn sie eine Kehrtwendung machte und nunmehr Gesamtschule und Abenteuerspielplatz den Rücken zukehrte, ihr Schloß wiedererkennen. Es ist in den äußeren Formen durchaus noch so wie auf den Gemälden. Der massige Turm thront wie eine Glucke über der vergleichsweise zierlichen, durch den Mittelrisalit und zwei Reihen Fenster gegliederten Fassade. Freilich müßte man sich die modischen Fensterläden und die schäbige Bahnhofsuhr über dem Mittelteil fortdenken.

Auch die Kugellampen vor dem Portal, die eher an ein Gartenlokal älterer Prägung paßten, wären auf den Gemälden der Prinzessin wohl undenkbar. Sonst aber wäre die Illusion vollkommen. Jetzt, an einem trüben Vormittag, dringt sogar verheißungsvoller Lichtschein aus den drei hohen Flügeltüren. Könnte man nicht Pferdegetrappel und das Geräusch der über den Kies der Vorfahrt heranrollenden Kutsche hören? Erhält die kränkliche Hohenzollerndame Besuch von ihrem Gatten, Prinz Friedrich, oder ihrem Sohn Georg, der erwähnt zu werden verdient, weil er 1902 die Gemälde seiner Mutter dem Stadtmuseum geschenkt hat?

Der Schein trügt jedoch, und die Erinnerung an vergangene Zeiten verblaßt, wenn man durch die Flügeltüren ins Schloß tritt. Zwar ist die durch Stuck im Empirestil geschmückte Vorhalle aus der Zeit der Prinzessin erhalten, doch es empfangen keine Hofdamen. Vor der Seitentür mit der Aufschrift „Sekretariat" erklärt uns ein junges Mädchen im Look unserer Tage auf die Frage nach dem Saal im ersten Stock, daß dort gerade die für den Abend vorgesehene Modenschau vorbereitet werde. Das Schloß nämlich ist kein stiller Ort für Träumereien und auch kein Museum, sondern ein auf glückliche Weise in unsere Zeitläufe integriertes Haus voller Leben: seit 1970 ist hier die Düsseldorfer Modeschule untergebracht. Man spürt es auf Schritt und Tritt, wenn man über die Korridore geht und über die viel zu enge, an die Seite gequetschte Treppe zum ersten Stock hinaufsteigt. Aus einigen Räumen dringt munteres Stimmengewirr. Es wird erläutert und diskutiert, und durch einen Türspalt sieht man über Zeichnungen gebeugte Mädchen.

Im großen Saal, dem einzigen Raum im Hause außer der Vorhalle, der ein wenig an den Glanz alter Zeiten erinnert, stehen schon die Stuhlreihen für die abendliche Vorführung. Mehrmals im Jahr präsentiert die Modeschule hier Kreationen ihrer Schülerinnen. Der sogenannte „große Saal" mißt nur 75 Quadratmeter und ist nur fünf Meter hoch; er stellt nicht das dar, was man sich unter dem großen Saal eines Schlosses gemeinhin vorstellt, doch er weist – wie die genau unter ihm befindliche Vorhalle – an Wänden und Decken gut erhaltene Stuckarbeiten im Empirestil auf, deren Pflege sich die Stadt als Hausherrin offensichtlich etwas kosten läßt. Der Kronleuchter allerdings mußte aus Haushaltsgründen auf Kristall verzichten und stattdessen mit den hier wohl unvermeidlichen Kugelgläsern vorliebnehmen.

Modeschule und Witwensitz von Prinzessin Wilhelmine Luise – ihr Mann starb schon 1863 – sind nur zwei der überaus zahlreichen und abwechslungsreichen Stationen der Geschichte von Schloß Eller. Stadtarchivdirektor Dr. Hugo Weidenhaupt ist dieser Geschichte dankenswerterweise kürzlich auf Initiative der Ellerer Bezirksvertretung in einem Faltblatt nachgegangen, das mit Gemälden von der Hand Wilhelmine Luises geschmückt ist. Es zeigt sich dabei, daß das Gebäude in seiner jetzigen Form erst von 1826 datiert. Damals erwarb Freiherr Carl von Plessen Haus oder Schloß Eller mit allem Zubehör vom preußischen Staat für einen relativ geringen Kaufpreis, was darauf schließen läßt, daß sich das Anwesen in einem sehr heruntergekommenen Zustand befunden haben muß. Der unternehmungslustige Freiherr ließ sämtliche Gebäude mit Ausnahme des aus dem 15. Jahrhundert stammenden Turmes niederlegen und fügte an den Turm nach vorn hin das zweistöckige Herrenhaus an, über dessen Dach seitdem der obere Teil des Burgfrieds hinausragt. Dem hinteren Teil des Turms wurde ein niedrigerer Fachwerkbau, der sogenannte Küchen- und Gesindebau, angefügt.

Der Freiherr hat in Schloß und Park sehr viel investiert, aber er hat auch beim Verkauf, wie es heißt, gut verdient. Wilhelmine Luise erwarb laut Vertrag schon im September 1843 das Anwesen „mit 654 Morgen, 6 Ruthen, 60 Fuß mit dazugehöriger Düsselthaler Jagd für 130000 Thaler". Alexander, einer ihrer Söhne, verkaufte das Schloß 1883, ein Jahr nach ihrem Tode, an den Kaufmann Friedrich Vohwinkel aus Gelsenkirchen. Nach der beschaulichen Ruhe des Witwensitzes erlebte das Schloß nun den geräuschvollen Neureichtum der Gründerjahre. Vohwinkel erkor das Anwesen zwar nur zu seinem Sommersitz, machte es aber auch zum Ziel zahlreicher fröhlicher Jagdgesellschaften.

Eine längere Epoche ausgeglichener Beständigkeit begann für Eller mit dem Einzug von Geheimrat von Krüger, dem Schwiegersohn Vohwinkels, der im Innern des Herrenhauses größere Umbauten vornahm und gleichzeitig westlich des Herrenhauses ältere Wirtschaftsgebäude durch heute noch stehende Bauten für Bedienstete, Stallungen und Remisen ersetzen ließ. Sie erinnern mit ihren Erkerchen und Türmchen und dem imitierten Fachwerk an eine Alt-Nürnberger Puppenstadt. Häuschen dieser Art hatten dem neuen Schloßherren auf der großen Ausstellung 1902 in Düsseldorf so sehr gefallen, daß er sie in Eller nachbauen ließ.

Das Ehepaar Krüger genoß bei der Ellerer Bevölkerung hohes Ansehen. Es war eine „Schloßherrschaft" mit liberalem

Herbstliche Elegie am Eselsbach mit der Rückfront der Wirtschaftsgebäude. Rechts sind die Umrisse von Schloß Eller erkennbar.

Diese putzigen Fachwerkhäuschen mit Räumen für Bedienstete entstanden zu Beginn des 20. Jahrhunderts.

Hier wirkt der einstige Witwensitz der Hohenzollernprinzessin noch stilecht. Der Haupteingang zum Vorplatz des Schlosses mit dem prächtigen Gittertor.

Der Ellerer Schloßpark hat viele romantische Winkel. Diese „Seufzerbrücke" über den Eselsbach liegt dicht beim Schloß.

Schloß Eller in seiner heutigen Gestalt stammt aus dem frühen 19. Jahrhundert. Der über die Fassade hinausragende Turm ist 400 Jahre älter.

Einschlag und starkem öffentlichen Engagement. Die Familie ließ beispielsweise die evangelische Kirche an der Schloßallee errichten. Noch 1950 und 1951, in einer völlig veränderten Zeit, veröffentlichte der „Burgfried", eine in Eller erscheinende Heimatzeitschrift, in Tönen höchster Verehrung Gedenkartikel an die Krüger-Epoche.

1938 erwarb die Stadt Düsseldorf das Schloß und den Park. Im Strudel der Ereignisse des Zweiten Weltkrieges diente das Schloß als Heim der Hitler-Jugend, später deutschen Truppen und nach der Kapitulation amerikanischen und britischen Armee-Einheiten. Die Stadt nutzte es in den ersten Nachkriegsjahren als Altenheim, bis es schließlich nach gewissenhafter Instandsetzung zum Domizil der Modeschule erkoren wurde.

Schon im Sommer 1950 war mit einem großen Volksfest der Schloßpark für die Bevölkerung wieder eröffnet worden. Er gehört heute mit seinen artenreichen Baumgruppen, seinen großen Wiesenflächen, dem Ponygehege und dem mit zierlichen Brücken geschmückten Lauf des regulierten Eselsbaches zu den schönsten Düsseldorfer Parkanlagen. Unweit des Schlosses erinnert ein Gedenkstein daran, daß der Gartenkünstler Maximilian Friedrich Weyhe, der Schöpfer des Hofgartens, einst bei der Gestaltung des Schloßparks seine glückliche Hand im Spiel hatte.

Damals, als Weyhe zu Beginn des 19. Jahrhunderts hier wirkte und der Freiherr Carl von Plessen das Schloß erbaute, wie wir es heute kennen, hatte Eller schon eine lange Geschichte hinter sich. 1309 wird zum ersten Male ein „castrum Elnere" (Burg Eller) urkundlich erwähnt, aber schon 1273 sind die Herren von Eller als Bewohner der gleichnamigen Wasserburg nachweisbar. Ein Ludwig von Eller wird als Zeuge in der Stadterhebungsurkunde für Düsseldorf 1288 genannt. Die offenbar sehr mutigen und streitlustigen Herren von Eller widersetzten sich lange der Landesherrschaft der Grafen und späteren Herzöge von Berg. Herzog Adolf von Berg mußte das Haus Eller 1424 mit Waffengewalt erobern. Schon 24 Jahre später verkauften die Ellerer Herren ihr Besitztum an den Ritter Adolf Quade, der es zu einer massiven Burg ausbaute. Aus dieser Zeit stammt der Turm, der noch heute den Kern des Schlosses bildet.

Nach dem Tode des Ritters Quade kam Eller im Erbgang in den Besitz einer ganzen Reihe von Adelsfamilien. Über 20 Jahre lang, von 1599 bis 1621, hatte die Burg überhaupt keinen Besitzer, weil in diesen Jahren vor dem Hofgericht in Düsseldorf ein Prozeß um die Belehnung geführt wurde. Um 1710 erscheint als Erbe ein Freiherr Joseph Clemens von Weichs auf dem Plan, der mit dem damaligen Landesherrn, dem Kurfürsten Jan Wellem, ein Tauschgeschäft machte. Jan Wellem erhielt Eller, während dem Freiherrn Haus Schönforst bei Aachen übereignet wurde. 1725 verpfändete Jan Wellems Nachfolger Carl Philipp das Anwesen dem Holzhändler von Wusten, der ein übles Regiment führte und im Forst großen Raubbau trieb. Seit 1743 diente das Haus als Amtswohnung des Bergischen Obristjägermeisters, und zu Beginn des 19. Jahrhunderts wohnte – ein absoluter Tiefpunkt in der mit Adelsnamen gespickten Bewohnerreihe – sogar nur ein schlichter Revierförster im Hauptgebäude. 1815 ging Eller nach dem Wiener Kongreß in den Besitz des preußischen Staates über, der schließlich das Anwesen 1823 an den Freiherrn Carl von Plessen verkaufte.

Wahrscheinlich hat kein anderes Schloß in Düsseldorf und seiner Umgebung eine so bunte Geschichte wie Eller – ein Geschichtsdenkmal, das von pulsierendem Leben erfüllt ist.

Schloß Garath, eine Villa Hügel im Kleinformat

„Das ist ja eine kleine Villa Hügel!", sagen kundige Besucher manchmal, wenn sie das stattliche Haus im Südosten der Wohnstadt Garath besichtigen. In der Tat: Vergleiche mit Krupps massiger Wohnburg in Essen aus der wilhelminischen Gründerzeit sind nicht abwegig. Auch Schloß Garath ist ein großbürgerlicher Repräsentationsbau, der neugewonnenen Reichtum sichtbar machen sollte und sich dabei neoklassizistischer Formen bediente: viel Säulen, Marmor, breit ausladende Treppen, schwere Holzvertäfelungen an Decken und Wänden, aber auch manche reizvolle, an den Jugendstil erinnernde Details.

Im Vergleich zu den riesigen Dimensionen der Villa Hügel handelt es sich in Garath um ein gefälligeres Kleinformat. Hier erscheint alles ein wenig wohnlicher, unseren heutigen Wohnvorstellungen zumutbarer. Nicht ganz so anspruchsvoll in seinem Geltungsbedürfnis wie der Essener Kanonenkönig als Bauherr der Villa Hügel war Albert von Burgsdorff, der 1912 Schloß Garath völlig neu in der Form erbauen ließ, wie wir es heute kennen: mit der von zwei Türmen flankierten, zweistöckig gegliederten Fassade mit hohem Dach und einem auf vier Stützen ruhenden Vorbau, der die Vorfahrt überdacht. Auf dem Giebel des Vorbaues prangt das Familienwappen und erinnert daran, daß der Bauherr von 1912, der sein Geld im Ruhrbergbau und in der Stahlindustrie verdient hatte, gleichwohl adligen Geblüts war und auf eine attraktive Vergangenheit seines Geschlechts im Dienste der Hohenzollern verweisen konnte. Ein Konrad von Burgsdorff, Jahrgang 1595, war Ratgeber des Großen Kurfürsten gewesen.

Indessen verbinden die meisten Düsseldorfer mit Schloß Garath eher die Vorstellung von Eiern und Hühnern. Schon ein Jahr nach ihrer Gründung wurde die Burgsdorffsche Geflügelfarm 1910 in der „Deutschen landwirtschaftlichen Geflügelzeitung" als Musteranlage mit Rekordergebnissen von Eiern und Eintagsküken gewürdigt. Diese Anlage wird noch heute von Nachfahren Albert von Burgsdorffs betrieben, wohingegen sie sich des Schlosses und des dazugehörigen Parks 1962 durch Verkauf an die Deutsche Bundespost entledigten. Die Post wollte hier ein Schulungszentrum für ihre Betriebsangehörigen einrichten. Daraus wurde nichts. Im Mai 1978 erwarb die Stadt Schloß und Park.

Damit hat ein neuer Abschnitt in der Geschichte von Schloß Garath begonnen, der zu großen Hoffnungen berechtigt. Ob die Stadt hier, ähnlich wie in Haus Mickeln in Himmelgeist, ein Bildungszentrum gründet, steht noch nicht fest. Immerhin verfügt das Gebäude über 45 Räume mit insgesamt 2000 Quadratmeter Fläche, einschließlich eines Festsaales, der sich für Empfänge oder Vorträge mit größerem Publikum eignet. Das Gebäude befindet sich in gutem Zustand. Sicher scheint, daß der Bevölkerung Garaths, deren Bezirksvertretung ja zum Ankauf des Anwesens gedrängt hat, Gelegenheit gegeben werden muß, Schloß und Park in das öffentliche Leben des Stadtbezirks einzubeziehen.

Ein verheißungsvoller Anfang wurde bereits gemacht. Die Bezirksvertretung veranstaltete im Hause Empfänge. Vereine des Stadtbezirks können die Räumlichkeiten für ihre Veranstaltungen nutzen, ein Angebot, von dem wiederholt Gebrauch gemacht wurde. Im September/Oktober 1978 zeigte das Kunstmuseum Düsseldorf aus dem Bestand seiner grafischen Sammlung eine Ausstellung zum Thema „Die Stadt" in den unteren Räumen des Schlosses, die in drei Wochen über 4500 Besucher hatte. In den Wintermonaten freilich liegt das Schloß noch einsam und verwaist, weil zur Instandsetzung der Heizung noch größere Investitionen erforderlich sind.

Am deutlichsten zeichnet sich die Zukunft des früheren Burgsdorffschen Anwesens und vormaligen Rittersitzes im Park ab, den die Stadt aus einer verwachsenen, verunkrauteten Wildnis mit erheblichem Aufwand in eine gepflegte Parkanlage mit Kinderspielplatz und botanischem Lehrpfad verwandelt hat, durch die sich der Rietrather Bach schlängelt. Hier kann man sich auf den Bänken der Schloßterrasse sonnen und im Juni die Blüte eines großen Rhododendron-Rondells bewundern. Eine Wanderung auf dem Lehrpfad des 27000 Quadratmeter großen Parks führt dem Besucher vor Augen, woran man etwa eine Amerikanische Roteiche, eine Douglasfichte oder eine Holländische Linde erkennt. Hier ist auch die Eßkastanie mit einem ganz ungewöhnlichen Exemplar vertreten, dessen neun Stämme aus einer gemeinsamen Wurzel emporwachsen. Zu den Sehenswürdigkeiten gehört auch der älteste Baum des Parks, eine Eibe, die auf der Wiese vor der Terrasse steht. Sie soll über 200 Jahre alt sein und gehört damit zusammen mit dem Turm links neben dem Hauptgebäude, der durch Abriß und Neubau 1912 unbehelligt blieb, zu den ältesten Zeugen, die auf Garath noch die Zeit der Velbrücks erlebt haben.

Die Velbrücks waren vier Jahrhunderte, präzise von 1414 bis 1811, im Besitz von Garath. Doch vor ihnen gehörte der Rittersitz im 12. und 13. Jahrhundert den Herren von Garderode, einem bergischen Rittergeschlecht, aus dem sich vermutlich der Name Garath ableitet. Der erste Velbrück auf Garath war 1414 Simon von Altebrüggen, genannt von Velmercken. Velbrück nannte sich die Familie erst seit Ende des 16. Jahrhunderts.

Über die Bedeutung der Velbrücks hat es in jüngster Zeit eine bemerkenswerte Auseinandersetzung gegeben. Im nicht weniger als 320 Seiten starken, mit Urkunden, Tabellen und Stammtafeln gespickten Werk „Garath, Menschen und Schicksale um ein adliges Haus" von Dr. Alhard von Burgsdorff und Dr. Karl Siegmar von Galéra (1958 im Aloys Henn Verlag, Ratingen) heißt es schnöde: „Nicht der leiseste Hauch eines großen Geistes hat in Garaths Mauern geweht, als die Velbrücks hier herrschten. Hier ist nicht einer aufgestanden, der ein Mäzen gewesen wäre! Nicht einer unter ihnen hat jenem edleren Teil des Menschen seinen Tribut gezollt, der in der Freiheit des Denkens, der Wissenschaft, der Dichtung und der Künste eine schönere Welt baut. Im Grunde ihres Herzens sind die Velbrücks immer nur die kleinen Landjunker geblieben."

Wilhelm Joseph Sonnen hat darauf 1960 in den „Annalen des historischen Vereins für den Niederrhein" eine geharnischte Kritik veröffentlicht. In der Tat scheint die pauschale Verurteilung der Velbrücks zumindest leichtfertig und ist bei den Autoren wohl mit unter dem Eindruck der zahlreichen häßlichen Erbstreitereien im Laufe von vier Jahrhunderten entstanden. Sie sollten jedoch den Blick für historische Tatbestände nicht trüben.

Immerhin war der letzte Graf von Velbrück, Carl Franz Anton, 1719 in Garath geboren, Fürstbischof von Lüttich, ein Mann, dem zwar ein leichter Lebenswandel zugeschrieben wird (was bei Leuten seines Standes im Barockzeitalter keinesfalls ungewöhnlich war), der sich aber auch große Verdienste um die Aufklärung erworben hat. Mit seiner

Wer hier mit der Kutsche vorfuhr, konnte trockenen Fußes ins Schloß gelangen.

Ein großbürgerlicher Repräsentationsbau aus wilhelminischer Zeit. Seitenansicht des Garather Schlosses.

Wahl zum Fürstbischof 1772 begann im Fürstbistum Lüttich eine außerordentlich fortschrittliche Ära mit der Gründung von Schulen, Akademien, Krankenhäusern, Altersheimen, Heimen für uneheliche Kinder und Fabriken. Der 1935 verstorbene Historiker Henri Pirenne, Professor in Gent, einer der bedeutendsten Vertreter der Geschichtsforschung, insbesondere der Wirtschafts- und Sozialgeschichte, nennt den letzten Velbrück aus Garath in seinem siebenbändigen Hauptwerk „Histoire de Belgique" einen „Verteidiger der Rechte seines Volkes gegen die Privilegierten, einen Vorkämpfer der Gleichheit für alle, einen Feind aller Vorurteile und Beschützer der Freiheit und der Menschenrechte".

Übrigens war auch der Vater von Carl Franz Anton, des Fürstbischofs von Lüttich, Maximilian Heinrich von Velbrück, ein bedeutender Mann des öffentlichen Lebens gewesen. Er promovierte zum Baccalaureus an der Kölner Universität, machte schnelle Karriere am Düsseldorfer Hof, wurde Reisebegleiter und Ratgeber des Kurfürsten Jan Wellem und erklomm schließlich 1713 mit der Ernennung zum Jülich-Bergischen Kanzler das höchste Regierungsamt nach dem Kurfürsten. Ganz so „kleine Landjunker" können also die Velbrücks von Garath nicht gewesen sein. Man sollte demnächst, wenn das Gemäuer seiner neuen Bestimmung übergeben wird, in irgendeiner Form an sie erinnern. Die vier Jahrhunderte ihrer Garather Herrschaft bringen ein wenig Glanz in die Historie des Schlosses.

Die Nachfolgezeit der Velbrücks war dagegen reichlich prosaisch. Zunächst erscheint als Schloßherr der Freiherr Johann Jacob von Kylmann. Von ihm gelangte Garath im Erbgang in den Besitz des Freiherrn Raitz von Frentz, der 1838 Landrat des Kreises Düsseldorf wurde. 1883 folgte als Eigentümer der Düsseldorfer Bauunternehmer Johann Holzapfel, der Garath im Tausch gegen Hausgrundstücke in der Düsseldorfer Innenstadt erwarb. Er soll von vornherein den Plan gehabt haben, die über 200 Hektar des Rittergutes zu parzellieren; in Garath sollte ein Villenviertel für wohlhabende Einwohner Düsseldorfs entstehen. Diese Pläne scheiterten jedoch am Widerstand der Eisenbahndirektion, die sich weigerte, an der Düsseldorf-Kölner Strecke bei Garath eine Haltestelle einzurichten. Da das Zeitalter des Autos noch nicht in Sicht war, bedeutete das den Todesstoß für Holzapfels Pläne. Noch in den fünfziger Jahren unseres Jahrhunderts meinten die Autoren des Heimatbuches „Garath, Menschen und Schicksale um ein adeliges Haus", daß die harte Haltung der Eisenbahndirektion die Zukunft des Hauses Garath gerettet habe. Ihnen schwebte dabei eine landwirtschaftliche Zukunft vor. Tatsächlich hatte 1890, als Landwirt Paul Poensgen aus der bekannten rheinischen Industriellenfamilie Schloß und Rittergut erwarb und hier vor allem die Pferdezucht pflegte, für Garath noch einmal eine landwirtschaftliche Ära begonnen. Seit 1907 zeichneten dann die Burgsdorffs als Eigentümer.

Doch 1961 begann eine Zukunft, die sich die Autoren des Garather Heimatbuches noch wenige Jahre vorher so kaum vorgestellt hatten. In jenem Jahr wurde der Grundstein für die Wohnstadt Garath gelegt. Damit begann das größte geschlossene Wohnungsbauunternehmen in der Geschichte Düsseldorfs, begünstigt durch den direkten S-Bahn-Anschluß. Und der einstige bergische Rittersitz, die schloßartige Villa des wilhelminischen Zeitalters, verwandelt sich in eine Stätte der Begegnung für die Bürgerschaft.

Heltorf, die grüne Familienchronik der Spees

Im Westen huscht die rotschimmernde D-Bahn nach Düsseldorf oder Duisburg, im Osten rauschen – ein wenig lauter – die Züge der Bundesbahn den selben Zielen zu. Im Norden blasen die Werkschlote von Huckingen ihre Rauchschwaden in den Himmel. Hier aber mittendrin liegt Heltorf, ein weißes Schloß, in dem eine gräfliche Familie wohnt, ein Park mit prächtigen alten Bäumen und Rhododendronhainen, mit Finkenschlag und Nachtigallengesang, den, wie der Angermunder Heimatfreund Heinz Schmitz in seinem Werk „Angermunder Land und Leute" (Triltsch Verlag Düsseldorf) vermerkt, zuweilen Fernsehregisseure als Kulisse für historische und literarische Stoffe wählen, beispielsweise für Dostojewskis „Idioten", weil hier alles so „echt" ist: Waldesstille, Blätterrauschen, Vogelgezwitscher, Sonnenflimmern – hier, nicht mal eine Flugminute von Lohausen. Ein gütiges Geschick hat mitten in der Industrielandschaft diese Oase ausgespart.

Wenn man Glück hat und die Sonne scheint, kann man, wenn man an der Haltestelle Froschenteich aus der D-Bahn gestiegen ist (oder sein Auto dort abgestellt hat) und sich nach Osten wendet, durchaus den Eindruck gewinnen, daß es hier vor hundert Jahren auch schon so ausgesehen haben mag. Freilich schieben sich die Neubaublocks von Angermund am Horizont ein wenig zu keck ins Bild. Sonst aber schweift der Blick ungehindert über ausgedehnte Felder. Wer geradeaus geht, gelangt sehr bald an ein stattliches Tor, an dem ihn ein Schild wie folgt informiert: „Park Heltorf, begründet durch Abbé Biarelle 1796 und Maximilian Friedrich Weyhe 1803 (Schöpfer des Düsseldorfer Hofgartens). Geöffnet vom 1. Mai bis 31. Oktober an den jeweiligen Samstagen, Sonntagen und gesetzlichen Feiertagen von 10 bis 18 Uhr." Jenseits des Tores beginnt der „Dicke Busch", ein Teil des Parks Heltorf, großartiger Mischwald – nicht nur eine einmalige Sehenswürdigkeit, sondern auch ein interessantes Kapitel in der Geschichte der Landschaftsgestaltung.

Wer Pech hat und das Tor zu ungelegener Zeit verschlossen findet, kann sich dennoch einen Trostpreis verschaffen. In solchem Fall läßt er den Dicken Busch links liegen, wandert in östlicher Richtung bis zum Beginn der Schloßallee und biegt links in die Allee ein. Nun nähert er sich dem Schloß sozusagen über den offiziellen Anfahrtsweg für Herrschaften. Zur rechten Hand liegt die Försterei. Eine Brücke führt über die schmutziggrau dahinfließende Anger. Sehr reizvoll, wie die Schloßfassade zunächst als von den Buchen der Allee und der Durchfahrt des Torturms eingerahmter weißer Fleck sichtbar wird und beim Näherkommen immer mehr Gestalt gewinnt.

Wenn man auf der alten Zugbrücke den Graben überquert und durch den Torbogen der Vorburg geht, die als Viereck das eigentliche Herrenhaus umgibt, berührt man freilich schon den privaten Bereich des Schloßherrn Dr. Maximilian Graf von Spee, des zehnten Spee in der Generationenfolge auf Heltorf. Der öffentliche Weg führt vor dem mit dem Familienwappen und der Jahreszahl 1693 sowie einer zwiebelgeschmückten Dachhaube versehenen Torturm rechts am Graben entlang, wo die Gutswirtschaft des Schlosses frisches Obst und Eier feilbietet.

Wer mehr geistige Interessen verfolgt und trotz der roten Warnlampe und dem am Fenster des Kastellans hängenden Schild „Kein Zugang" durch den Torturm in den Schloßhof geht, steht vor der an klassizistische Formen erinnernden Schloßfassade – ein schmuckloser, zweistöckiger Bau aus den Jahren 1822–1825. Damals regierte auf Heltorf Graf Franz Anton von Spee, neben dem berühmten Barockdichter und Bekämpfer des Hexenwahns, dem Jesuitenpater Friedrich Spee aus dem frühen 17. Jahrhundert und dem 1914 in der Schlacht bei den Falklandinseln mit seinem Panzerschiff „Scharnhorst" ruhmreich untergegangenen Vizeadmiral Maximilian Graf von Spee wohl die interessanteste Persönlichkeit in der langen und vielfach verzweigten Ahnenreihe der Spees. Graf Franz Anton, 1781 im Düsseldorfer Stadtpalais der Spees geboren, war ein vielseitig interessierter Mann des öffentlichen Lebens, Träger hoher Staatsämter unter Napoleon und nach 1815 unter den Preußen zehn Jahre lang Mitglied des Staatsrates und des Stadtparlaments in Düsseldorf, ein großer Kunstfreund und Mäzen, der freundschaftliche Beziehungen zu Felix Mendelssohn-Bartholdy, Immermann und Schadow unterhielt.

Ein Zeugnis für Graf Franz Antons Mäzenatentum ist heute noch sichtbar, aber leider nicht öffentlich zugänglich: die sechs großen Wandgemälde im ebenerdigen Speisesaal des Schlosses aus der Frühzeit der Düsseldorfer Malerschule. Es sind Szenen aus dem Leben Barbarossas, dem Schirmherrn von Kaiserswerth, begonnen 1825 von dem Corneliusschüler Carl Stürmer und vollendet bis 1841 von Carl Friedrich Lessing, Hermann Plüddemann und Heinrich Mücke. Berühmt

Graben und Vorburg umgeben wie ein Schutzwall das Herrenhaus von Heltorf.

Durch den massigen Torturm führt der Weg in den Innenhof der Schloßanlage.

Das an klassizistische Formen erinnernde Heltorfer Herrenhaus aus der Ära von Graf Franz Anton von Spee im frühen 19. Jahrhundert.

vor allem sind Mückes Darstellungen der Krönung des Kaisers durch den Papst sowie der Kniefall Heinrichs des Löwen vor Friedrich Barbarossa.

Wer den Schloßhof durch das Tor der Vorburg wieder verläßt, gelangt rechts zu einem weiteren Eingang in den Park, der – wie gesagt – nur an den Wochenenden des Sommerhalbjahres geöffnet ist. Seine Geschichte beginnt schon unter dem Vorgänger von Graf Franz Anton, dem Grafen Karl-Wilhelm von Spee, bei dem 1796 der französische Abbé Biarelle zu Gast war. Er, der vor den französischen Revolutionswirren geflüchtet war, brachte eine revolutionäre Idee mit an den Niederrhein. Er schlug seinem Gastgeber vor, auf dem unwirtlichen Gelände neben den Heltorfer Wohngebäuden einen „Englischen Garten" anzulegen. Das bedeutete die Abkehr von dem gedrechselten, streng geometrischen Stil der Gartengestaltung des Rokoko und die Hinwendung zum naturhaften, durch Angliederung an die Landschaft entstandenen Park mit einzelnen Baumgruppen, lockeren Gehölzpflanzungen und weiten Rasenflächen, bei dem die formende Hand des Gartenkünstlers möglichst überhaupt nicht mehr zu erkennen sein sollte. Bekannte historische Beispiele dieser Idee wurden in Deutschland die Parkanlage in Wörlitz bei Dessau, der Englische Garten in München, die Parks des Fürsten Pückler in Muskau, der alte, 1945 zerstörte Berliner Tiergarten und der Düsseldorfer Hofgarten, dessen neueren Teil der junge Maximilian Friedrich Weyhe zu Anfang des 19. Jahrhunderts gestaltete.

Bevor Weyhe in Düsseldorf an die große Aufgabe des Hofgartens heranging, schuf er in Heltorf – ebenso wie im benachbarten Kalkum – heute noch gut erhaltene Zeugnisse seiner Gartenkunst. Am 24. Mai 1803 ritt Weyhe, wie Heimatfreund Heinz Schmitz im Heltorfer Archiv präzise ermittelt hat, zum ersten Male nach Heltorf, „um die Lage des Platzes zur neuen Anlage anzusehen". Am 6. Juli kam er wiederum nach Heltorf, diesmal in der Kutsche, die ihm der Graf nach Düsseldorf entgegengeschickt hatte. Man war sich einig geworden.

Die berühmten Wandgemälde mit Barbarossa-Motiven im Gartensaal des Schlosses Heltorf: Kniefall Heinrichs des Löwen vor Friedrich Barbarossa, gemalt 1829 von Heinrich Mücke.

1838 vollendete Heinrich Mücke, der zusammen mit drei weiteren Vertretern der Düsseldorfer Malerschule die Wandgemälde in Heltorf schuf, die Darstellung der Krönung Kaiser Barbarossas durch den Papst.

Nun begannen gewaltige Anstrengungen, um aus „einer Wüste mit Lehm- und Sandgruben und verkrüppelten Fichten" einen Englischen Garten entstehen zu lassen. Bis zu einer Million Holznägel, so ergibt sich aus dem Archiv, waren nötig, damit man die Grasplatten auf dem wüsten Gelände befestigen konnte.

Der Park Heltorf, wie er sich heute darbietet, ist ein Werk von Generationen, das Weyhe in den ersten Jahrzehnten des 19. Jahrhunderts immer wieder durch Anregungen und Vorschläge begleitet hat. Es wurden nach und nach angrenzende Flächen erworben und dem Park angegliedert. Die größte Erwerbung gelang schon 1808 durch den Ankauf des „Dicken Busch", der heute mit dem ursprünglichen Park zur Einheit verschmolzen ist. Beim Spaziergang durch den Park eröffnen sich immer wieder neue, überraschende Perspektiven. Obgleich der ganze Park nur etwa 50 ha umfaßt, hat man manchmal, wenn die Sonne durch die hohen Buchenstämme schimmert, das Gefühl, im tiefsten Sauerland zu sein. Durch geschickte Abschirmung der Parkränder mit dichtem Unterholz wird der Eindruck erweckt, als wandere man in einem endlosen Wald. Immer wieder kann der Blick über weite Rasenflächen schweifen, über exotisch anmutende einzelne Bäume und Sträucher und vor allem über ausgedehnte Rhododendronhaine, die eine Spezialität von Heltorf bilden. Der Rhododendron Heltorfer Provenienz gehörte zu den ersten seiner Art in Deutschland. Der kunstsinnige Franz Anton Graf von Spee hatte ihn zwischen 1830 und 1840 in Heltorf heimisch gemacht. Man sollte im beginnenden Sommer hierherkommen, wenn die Rhododendronblüte einsetzt, oder auch im Herbst, wenn der gepflegte Mischwald mit seinen verschiedenen Laubfärbungen wie ein wunderbares Farbenmeer anmutet.

Jeder der Herren über Schloß und Park Heltorf hat sich hier auf besondere und sehr sympathische Art verewigt. Graf Franz Anton beispielsweise pflanzte am 4. April 1812 eine Libanonzeder. Heute ist dieser Baum fast 18 Meter hoch; die Auslage des längsten Seitenarmes beträgt fast 20 Meter. Franz Antons Vorgänger Karl-Wilhelm, der dem guten Rat des Abbé Biarelle folgte und von Weyhe den Park anlegen ließ, pflanzte einen daumenstarken Tulpenbaum, den ihm Weyhe aus dem kurfürstlichen Park von Schloß Brühl besorgt hatte. Aus der Zeit von Franz Graf von Spee, der um 1900 auf Heltorf die Geschicke führte, stammt eine Küstentanne, die heute 46 Meter hoch ist. August Graf von Spee, der 1882 starb, sorgte für die umfangreichste Anpflanzung mit Exoten, Sumpfzypressen, Scheinzypressen und atlantischen Zedern. Der Park enthält heute allein 40 verschiedene Eichenarten, und viele der das Bild beherrschenden hohen Buchen stammen noch aus den Anfangszeiten des Parks und sind somit fast 180 Jahre alt.

Manche gärtnerische Besonderheit deutet auf familieninterne Zusammenhänge. Da gibt es Blumenrabatten, die „Großmutters Bordüre" heißen, oder einen Parkteil, der „Vaters Garten" genannt wird. In Vaters Garten, den der bis 1934 lebende Wilhelm Graf von Spee anlegte, steht auch die älteste Eiche des Parks und eine großblättrige Magnolienart, die von Kennern bestaunt wird.

Mancher, der hier unter fachkundiger Führung wandelt, glaubt in einer Art grüner Familienchronik derer von Spee zu blättern. Schön, daß wir uns jetzt alle daran erfreuen können.

Schloß Jägerhof – Bühne der Düsseldorfer Stadtgeschichte

Die Schloßherren sind mit Schloß Jägerhof selten zufrieden gewesen – mal war es zu groß, mal zu klein. Der Bauherr, Kurfürst Karl Theodor von Pfalz-Sulzbach, hat nie darin gewohnt, und als zu Beginn des 19. Jahrhunderts dann ein Hohenzollernprinz als Düsseldorfer Divisionskommandeur im Schloß residierte, stellte sich bald heraus, daß der Bau für eine Hofhaltung nicht genug Raum bot. Es wurden deshalb zwei Flügel angebaut. Später lehnten ein Düsseldorfer Oberbürgermeister und ein Regierungspräsident das Schloß als Wohnsitz ab, weil es zu groß war und sich nicht für einen bürgerlichen Haushalt eignete.

Das Schloß, das keinem so recht passen wollte, ist dennoch immer wieder Schauplatz interessanter Ereignisse der Stadtgeschichte gewesen. Drei Tage, präzise vom 2. bis 5. November 1811, hat Napoleon mit Gattin Marie Louise hier gewohnt und seine großartigen Pläne für die Zukunft des Großherzogtums Berg entwickelt, nach denen die Hauptstadt Düsseldorf Sitz eines Bischofs und einer Universität werden sollte. Nur zwei Jahre später waren diese Pläne nach Napoleons Untergang zerronnen, und 1816 bezog Prinz Wilhelm von Preußen, der spätere Kaiser Wilhelm I. mit dem Backenbart, für einige Tage im Jägerhof Quartier. 1817 und 1821 stiegen König Friedrich Wilhelm III. und der Kronprinz hier ab.

Das liest sich wie ein Hofbericht, hat aber gewisse historische Bedeutung. Der Jägerhof entwickelte sich nämlich zur Keimzelle einer allmählichen inneren Annäherung Düsseldorfs an das zunächst sehr unbeliebte Preußen. Nachdem 1821 Prinz Friedrich Wilhelm Ludwig, ein Neffe des Königs, als Kommandeur der 14. Division in den Jägerhof eingezogen war, vermerkten die Düsseldorfer mit Genugtuung, daß sich nun wieder eine fürstliche Hofhaltung in ihren Mauern befand. Der Tod Jan Wellems, der als letzter Fürst von Düsseldorf aus regiert und einen glänzenden Hof unterhalten hatte, lag mehr als hundert Jahre zurück. Nun fiel vom Jägerhof her endlich wieder einmal fürstlicher Glanz auf die einstige Residenzstadt. Das weckte Sympathie, zumal sich der Hohenzollernprinz als aufgeschlossener und geschickter Gesellschafter erwies. Er und seine Gemahlin Wilhelmine Luise, die später auf Schloß Eller ein sehr abgeschiedenes Dasein führen sollte, zeigten sich am kulturellen Leben interessiert. Im Jägerhof versammelten sich häufig nicht nur die Mitglieder des hohen Adels, der Beamtenschaft und des Militärs, sondern auch viele Künstler mit Akademiedirektor Schadow, sowie Immermann und seine Freunde. Es gab Bälle, Theateraufführungen, Vorlesungen, Konzerte und die zu jener Zeit sehr beliebten „Lebenden Bilder", bei denen zuweilen auch der Schloßherr und seine Gemahlin mitwirkten.

Die Geschichte des Schlosses begann 1748, doch schon vorher hat es in Pempelfort, das als Tempelfurt schon in der Stadterhebungs-Urkunde von 1288 als zu Düsseldorf gehörig bezeichnet worden war, einen Jägerhof gegeben. Kurfürst Jan Wellem, der ein leidenschaftlicher Jäger war, ließ 1713 unmittelbar neben dem Platz, auf dem heute das Schloß steht, ein Jagdzeughaus, einen Marstall für Jagdwagen und Jagdgeräte, errichten. Das Gebäude, das 1909 erheblich verkleinert und unter Wiederverwendung von drei wertvollen geschnitzten Giebelfeldern zur Orangerie für das Schloß umgebaut wurde, hat bis zu seiner Zerstörung im Zweiten Weltkrieg bestanden. Auch zwei von drei Giebelfeldern gingen bis auf wenige Reste verloren, das dritte wird im Stadtmuseum verwahrt.

Kurfürst Karl Theodor ordnete 1748 den Bau des Schlosses an und beauftragte den Aachener Baumeister Johann Joseph Couven mit der Ausführung. Couvens Originalpläne, die früher im Aachener Suermondt-Museum zu sehen gewesen sind, gingen verloren. Darunter befand sich auch der Entwurf für ein „Vorprojekt", der einen reizvollen Hauptbau mit zwei kleineren Flügelbauten vorsah. Dem Kurfürsten erschien dieser Plan jedoch zu aufwendig, zumal er selbst den Bau nicht benutzen wollte, sondern nur die Oberjägermeister hier wohnen sollten.

1749 begannen die Bauarbeiten, die sich lange hinzogen, wahrscheinlich weil gleichzeitig das alte Residenzschloß am Rhein renoviert und neu möbliert und das neue Schloß in Benrath gebaut wurden. Der Architekt des Benrather Schlosses, der Lothringer Nicolas de Pigage, dessen aufgehender Stern in den Augen des Kurfürsten und seiner Behörden offenbar den des Aachener Couven – er starb 1763 – zu überstrahlen begann, wurde mit Abänderungen der Jägerhofpläne beauftragt. Noch im September 1755 verlangte der Kurfürst einen Kostenanschlag für den weiteren Bau, „dessen völlige Perfektionierung auf eine sehr große und beträchtliche Summe hinauslaufen dürfte". Durch kriegerische Verwicklungen verzögerte sich die „Perfektionierung" wiederum auf Jahre. Der Siebenjährige Krieg brach aus. Düsseldorf war abwechselnd von französischen und hannoversch-preußischen Truppen besetzt. Erst 1772 wurde die völlige Fertigstellung in den „Jülich und Bergischen Wöchentlichen Nachrichten" angezeigt.

Schon Ende des 18. Jahrhunderts rühmten Besucher Düsseldorfs die schöne Ansicht vom Jägerhof, wenn man vom Weiher über die breite Allee heranspazierte.

Um diese Zeit war auch die Verbindung des Baues mit dem Hofgarten hergestellt, die noch heute ihren optischen Reiz hat. Zwischen dem Jägerhof und der alten Landstraße nach Derendorf, der heutigen Kaiserstraße, lag Gartenland mit Hopfen und Gemüse. Während einer Zeit großer Teuerung infolge von Mißernten entstand auf diesem Gelände durch eine Art Arbeitsbeschaffungsprogramm auf Initiative des weitblickenden kurfürstlichen Statthalters Graf von Goltstein die sogenannte Öffentliche Promenade, die Reitallee mit dem älteren Teil des Hofgartens zwischen der heutigen Jägerhof- und Goltsteinstraße nach Plänen des inzwischen zum Oberbaudirektor avancierten Nicolas de Pigage.

Um 1770 waren diese Pläne, die den Ruf Düsseldorfs als Gartenstadt begründeten, im wesentlichen verwirklicht. Die Düssel hatte südlich vom Schloß ein gerades Bett erhalten, und vom Schloß führte die breite Promenade nach Südwesten zu einem kleinen, von der Düssel gespeisten Weiher. Diagonale Wege teilten die Anlagen symmetrisch auf. Zutritt hatte jedermann, denn es handelte sich ja nicht um einen

exklusiven Schloßgarten, sondern eine Anlage „zum Nutzen und Vergnügen der Allgemeinheit". Im neuen Hofgärtnerhaus unterhielt der erste Hofgärtner Johann Christian Behrens eine Gaststätte, in der sich Spaziergänger stärken konnten. Bei schönem Wetter veranstaltete Behrens vor dem Haus Konzerte. Nach den Worten des Reiseschriftstellers J. G. Lang hatte Düsseldorf ein „Elysium" erhalten, um das es jede andere Stadt beneiden konnte. In seinen 1859 in Berlin erschienenen „Denkwürdigkeiten eines Royalisten" erinnerte sich der Globetrotter Scharff von Scharffenstein an diesen Hofgarten, „der damals schon die schöne mittlere Allee zeigte, welche ihn jetzt zum Reiten so angenehm macht. Doch war dieselbe tiefer gelegen, wie die beiden schmaleren Seitenalleen und enthielt rechts und links in ihrer ganzen Länge die schönsten Blumen, welche in zierlichen Töpfen auf treppenartigen, mit Rasen und Moos überdeckten Erhöhungen standen. Von dort aus, das heißt vom Ende der Allee, zogen sich Taxushecken zur Stadt hin und kleine Bosquete, aus deren Mitte hie und da ein künstlich verschnittener Taxusbaum hervorsah, der entweder einen Hercules oder einen Löwen, oder sonst so etwas darstellen sollte und dem auch wirklich ähnlich sah".

Im Jägerhof, den man, wenn man vom Weiher her heranspazierte, eindrucksvoll im Blickfeld hatte, residierte kein Fürst, sondern der Oberjägermeister Freiherr Carl Alexander von Blanckart und später sein Nachfolger Graf Adolph von Berghe genannt Trips. 1795, als Düsseldorf von den französischen Revolutionstruppen besetzt wurde, erlebte der Bau die erste Katastrophe seiner bewegten Geschichte. Der Hofgarten wurde abgeholzt, um freies Schußfeld zu schaffen, der Jägerhof geplündert; beinahe wäre er wie das Hofgärtnerhaus gesprengt worden. Später diente er als Lazarett und als Nachtlager der von den Franzosen beschäftigten Schanzarbeiter. 1799 war er so heruntergekommen, daß er als unbewohnbar galt. Erst als 1811 Napoleon nahte, wurde er in aller Eile für 33000 Francs repariert und ausgestattet.

Etwa zehn Jahre später, nach dem Beginn der preußischen Ära und dem Amtsantritt des Hohenzollernprinzen als Divisionskommandeur, hat noch einmal eine durchgreifende Instandsetzung stattgefunden. Nach einem Entwurf von Vagedes wurde der Bau durch zwei dreigeschossige, mit dem Hauptbau direkt verbundene Flügelbauten ergänzt. Damit wurde Wirklichkeit, was schon Couven auf einem seiner Entwürfe vorgesehen hatte. 1828 waren die Arbeiten abgeschlossen. Doch trotz Erweiterung konnten nicht alle Mitglieder des prinzlichen Hofstaates und der zahlreichen Dienerschaft im Schloß wohnen. Das fürstliche Repräsentationsbedürfnis nahm allen Raum in Anspruch.

Gegen Ende des 19. Jahrhunderts waren die großen Repräsentationsräume weniger gefragt. Das Schloß diente verschiedenen Zwecken und lag lange brach. 1910 wurde der hinter dem Gebäude gelegene Schloßpark Opfer städtischer Grundstückspolitik. Man verwandelte ihn bis auf einen kleinen, heute noch vorhandenen Rest in teure Baugrundstücke, auf denen die Malkastenstraße entstand. Gleichzeitig wurden die von Vagedes entworfenen Flügelbauten wieder entfernt. War das Schloß nun verstümmelt – oder hatte es gewonnen und seine alte Form wiedergefunden? Schwer zu sagen, denn der Bau hat sein Gesicht oft gewechselt. Wenn man mit älteren Abbildungen vergleicht, dann kommt das heutige Erscheinungsbild mit der an spätbarocke Anklänge erinnernden Fassade nebst bogenförmig vorspringendem, wappen- und balkongeschmücktem Mittelrisalit durchaus vorteilhaft weg. Der Wiederaufbau unter denkmalpflegerischer Betreuung des Architekten Helmut Hentrich nach fast völliger Zerstörung im Zweiten Weltkrieg ist der Stadt gut gelungen.

Auch im 20. Jahrhundert blieb der Jägerhof eine Bühne der Stadtgeschichte. Während der französischen Rheinlandbesetzung nach dem Ersten Weltkrieg verfiel er zusammen mit 23 anderen öffentlichen Gebäuden der Beschlagnahme. Am 25. August 1925 wurde symbolisch für das Ende der Besetzung vor dem Schloß die französische Flagge feierlich eingeholt. Im sogenannten tausendjährigen Reich etablierten die Nazis im Schloß ihre Gauleitung, obgleich die Stadt 1933 den

Auch die Rückfront des Jägerhofs hat ihre Reize. Der kleine Park ist der Rest eines großen Schloßparks, der 1910 für den Wohnungsbau parzelliert wurde.

Im Obergeschoß von Schloß Jägerhof werden kostbare Möbelstücke und Porzellan der Sammlung Dr. Ernst Schneider gezeigt.

ganzen Bau auf 99 Jahre dem Konsistorium der evangelischen Kirche verpachtet hatte.

Nach dem Wiederaufbau empfingen die Repräsentanten der neuen Stadtdemokratie hier ihre offiziellen Gäste, weil im Rathaus noch keine geeigneten Räume zur Verfügung standen. Man parlierte mit dem Cocktailglas in der Hand neben Vitrinen mit kostbarem Porzellan und wertvollen Möbelstücken der Kunstsammlung des Industriellen Dr. Ernst Schneider, die im Obergeschoß untergebracht war. Ein Teil dieser Sammlung ist noch heute dort zu besichtigen, während ein anderer mit erlesenem Meißener Porzellan der ersten Hälfte des 18. Jahrhunderts inzwischen nach München verlagert wurde und nun in Lustheim, dem Pendant des Schlosses Schleißheim, bewundert werden kann.

1955 zog das Stadtgeschichtliche Museum, heute Stadtmuseum, ins Schloß ein und konnte dort als Provisorium wenigstens einen Teil seiner reichen Bestände zeigen, bevor es 1963 in sein Domizil im Palais Spee in der Bäckerstraße umsiedeln durfte. Nachmieter im Jägerhof wurde die Kunstsammlung des Landes Nordrhein-Westfalen mit ihren Meisterwerken der Malerei des 20. Jahrhunderts. Doch auch ihr Direktor, Professor Schmalenbach, sitzt wegen zu großer Enge sozusagen schon wieder auf den Koffern und wartet sehnsüchtig auf die Fertigstellung seines Neubaus am Grabbeplatz.

Das Schloß scheint seiner alten Rolle als provisorische Unterkunft für Gäste der verschiedensten Art treu zu bleiben.

Barbarossas Kaiserpfalz-Ruine und ihr Retter

Mancher ortsunkundige Fremde, der sich zu Schiff Kaiserswerth nähert, betrachtet die Pfalzruine mit leichtem Erschauern: Aha, das also ist Kaiser Barbarossas Burg! Die wichtigsten geschichtlichen Daten dieses immer noch wuchtigen Gemäuers hält jeder bessere Reiseführer parat. Man kann sich aussuchen, wo man zu lesen anfängt, ob schon beim heiligen Suitbertus, der hier im 8. Jahrhundert ein Benediktinerkloster gründete, ob bei Pipin dem Jüngeren zur Zeit der ersten Karolinger, als auf der damaligen Rheininsel schon ein königlicher Hof bestanden haben soll – oder erst im 12. Jahrhundert beim Hohenstaufenkaiser Friedrich Barbarossa, der den Rheinzoll aus den Niederlanden nach Kaiserswerth verlegte und deshalb eine den Rhein beherrschende Zwingburg errichtete, mit deren Resten wir es heute zu tun haben.

Kaiserswerth ist über Jahrhunderte machtvoller Stützpunkt deutscher Könige und Kaiser gewesen, ein Zentrum deutscher Geschichte zu einer Zeit, als von Düsseldorf noch kaum die Rede war. Aus den Jahren zwischen 1050 und 1257 sind nicht weniger als 57 in Kaiserswerth ausgestellte Kaiserurkunden bekannt. Die Burg ist nach Belagerung und Zerstörung immer wieder aufgebaut und vergrößert worden, und immer wieder gab es dramatische Ereignisse. 1062 spielte sich in Kaiserswerth eine der ersten denkwürdigen Kindesentführungen der Geschichte ab. Nach dem Tode Heinrichs III. lockte der Kölner Erzbischof Anno den jungen, noch unmündigen Nachfolger auf dem Kaiserthron, den zwölf Jahre alten Heinrich IV., von der Burg auf sein Schiff und entführte ihn nach Köln.

Ob dann Barbarossa rund ein Jahrhundert später an Stelle der alten Burg einen völligen Neubau errichtete oder schon vorhandene Teile in größerem Umfang mit verwendet hat, ist bis heute nicht einwandfrei geklärt. Noch um die Wende zum 20. Jahrhundert hat es einen kleinen Gelehrtenstreit gegeben, in dem behauptet wurde, daß die Ruine möglicherweise nicht aus der Barbarossazeit, sondern aus dem 16. Jahrhundert stammen könne. Nach dieser Theorie soll es sich um Überreste eines um 1570 von dem Kölner Erzbischof Salentin von Isenburg errichteten Neubaues handeln. Andererseits existiert ein Geschichtswerk aus dem Jahre 1584 von Michael von Isselt, in dem die Vermutung ausgesprochen wird, daß in Kaiserswerth schon zur Römerzeit eine von Kaiser Trajan (98 bis 117) errichtete Burg gestanden haben könnte.

Der Mann, der Licht in dieses ungewisse Dunkel brachte und die Geschichte der Kaiserpfalz wieder auf klare Ausgangspunkte zurückgeführt hat, war ein junger Sachse aus der Gegend von Leipzig, der 1946 betagt, hochgeehrt und dekoriert als Nestor der rheinischen Kunstgeschichte gestorben ist: Professor Dr. Dr. h. c. Paul Clemen, ehemals Professor an der Düsseldorfer Kunstakademie, langjähriger Ordinarius für Kunstgeschichte an der Universität Bonn und – was für die Pfalzruine entscheidend war – seit 1892 zwei Jahrzehnte hindurch rheinischer Provinzialkonservator. Dieser ungewöhnliche Mann war als Zwanzigjähriger zum erstenmal an den Rhein gekommen und nahm schon vier Jahre später die genaue Inventarisierung rheinischer Kunstdenkmäler vor.

Was er dabei in Kaiserswerth an der Stelle der alten Kaiserpfalz vorfand, muß nicht gerade ermutigend gewesen sein. Fast zwei Jahrhunderte hindurch, seit der Zerstörung 1702, hatte die Ruine mehr oder weniger als Steinbruch gedient. Zu schweren Zerstörungen war es schon 1689 gekommen, als Frankreichs König Ludwig XIV. Kaiserswerth besetzen ließ. Im Spanischen Erbfolgekrieg (1701–1714) wurde der Niederrhein erneut Schlachtfeld fremder Mächte. Wieder hatten die Franzosen Kaiserswerth besetzt, während im kaiserlichen Heer Brandenburger, Kurpfälzer, Engländer und Holländer kämpften. Nach neunwöchiger Belagerung und intensiver Beschießung, bei der auch die Stadt Kaiserswerth fast völlig zerstört wurde, mußte sich die französische Besatzung Mitte Juni 1702 ergeben.

Den ganzen Sommer hindurch dauerte dann das fürchterliche Zerstörungswerk der Sprengungen. Am 9. August wurde auch der mächtige Bergfried in die Luft gejagt und damit die ganze Landseite des Barbarossabaues zerstört. Was an der Stromseite noch stand, wurde im Laufe des 18. Jahrhunderts bis auf die Untergeschosse abgebrochen. Nicht nur die Kaiserswerther Bevölkerung suchte und fand in den Trümmern noch verwertbares Baumaterial. In den vierziger Jahren des 19. Jahrhunderts erfolgten umfangreiche Planierungsarbeiten. 1848 trug man die Reste auf der Ostseite des Palas bis auf die Fundamente glatt ab. Der Bau des Hochwasserdamms quer durch das Burgterrain hat dann die alte Anlage mit Ausnahme der wenigen, noch aufstehenden Teile vollends verwischt.

Schon 1838 war die traurige Ruine vom Staat in den Besitz der Stadt Kaiserswerth übergegangen. Die Unterhaltspflicht lag aber weiterhin beim preußischen Staat. Er stellte 1897 für die Pflege der Anlage ganze 300 Mark zur Verfügung, was wohl bedeutete, daß die Reste der alten Kaiserpfalz als sehenswertes Baudenkmal bei den maßgeblichen Leuten abgeschrieben waren.

Clemen, ein großer Rhetoriker mit weltmännischem Auftreten, um den sich später als Hochschullehrer ein Kreis begeisterter Studenten bildete, hatte zunächst einmal die nötigen Mittel für die Rettung der Pfalzruine zusammenzubringen. Das muß für den jungen Mann aus Sachsen – er zählte beim Amtsantritt als rheinischer Provinzialkonservator ganze 26 Lenze – nicht einfach gewesen sein. Doch er pilgerte treppauf, treppab, und überzeugte in mühevoller Kleinarbeit Behörden, Verbände und zahlungskräftige Persönlichkeiten von der Notwendigkeit, die einzigen, in größerem Umfang noch aufstehenden Reste einer mittelalterlichen Kaiserpfalz in der Rheinprovinz zu erhalten.

Im September 1899 konnten die Arbeiten beginnen. Es ging dabei zunächst um gewissenhafte Bestandsaufnahme der noch aufstehenden Ruinenteile und um Ausgrabung und Bloßlegung des verschütteten Mauerwerks, nachdem zuvor an Hand von alten Stichen und Urkunden eine ungefähre zeichnerische Vorstellung der einstigen Barbarossaburg erarbeitet worden war. Unter dem umfangreichen Material spielte dabei auch die ziemlich exakte Rheinansicht des ganzen Ortes Kaiserswerth mit der Burg in Merians Topographie aus dem Jahre 1646 eine Rolle.

Als Ergebnis konnte, wie Clemen in seinem Bericht betont, „die gesamte kolossale Anlage in ihrem vollen Umfang dargestellt und damit ein wichtiger Beitrag zur Geschichte des romanischen Profanbaues geleistet werden". Schließlich sei es ihm darauf angekommen, so berichtet Clemen im pathetischen Stil der Jahrhundertwende, „das einzige Denkmal der kaiserlichen Herrlichkeit am Niederrhein auch äußerlich zu ehren". Das bedeutete die bauliche Sicherung der im Kern aus mächtigen Trachyt- und Basaltblöcken bestehenden Ruine, ihre Verwandlung von einem jedermanns Zugriff aus-

Reste alter kaiserlicher Herrlichkeit am Rhein. Blick über den Innenhof der Kaiserpfalz mit den Brunnenmauern im Hintergrund.

Die Reste des Palas in der Kaiserpfalz. Links die zweigeschossige Frontmauer, von der man – wie einst Barbarossas Zöllner – den Rhein weithin überblicken kann.

gesetzten Steinbruch zum geschützten historischen Baudenkmal. Die Ruine bietet seitdem ihr heutiges Bild mit den noch aufstehenden Teilen des Palas, die im wesentlichen aus zwei Geschossen der dem Strom zugewendeten Frontmauer mit der durch die ganze Mauer sich hinziehenden Treppe bestehen, ferner dem Küchenbau im Norden, den Brunnenmauern im Süden und den an der Landseite aus dem Boden herausragenden Mauerresten mit der markierten Stelle des Burgfrieds. Bei den Untersuchungen stellte sich u.a. heraus, daß alle Teile der Burg in gleicher Höhe auf den Boden gesetzt waren, was dafür spricht, daß der Bau einheitlich in einem Zuge errichtet worden ist. Der mächtige Bergfried, den man aufgrund alter Stiche freistehend hinter dem Palas vermutete, war dem Palas fest eingegliedert und an zwei Seiten von ihm umbaut gewesen. Die Mauerstärke betrug 4,5 Meter.

Durch das Rettungswerk von Paul Clemen wurden auch die Inschriftensteine, die Hinweise auf Entstehung und Geschichte der Burg geben, gesichert und sinnvoll in der Ruine untergebracht. Der lateinische Text des größten dieser Steine lautet in freier Übersetzung: „Im Jahre der Menschwerdung unseres Herrn Jesu Christe 1184. Als eine Zierde des Reiches hat mich Kaiser Friedrich erweitert. Festigen soll ich das Recht und verschaffen, daß überall Friede."

Dieser Stein hat eine wechselvolle Geschichte. Er soll im 16. Jahrhundert über dem Kamin in der großen Burgstube eingemauert gewesen sein und sich vordem über dem Hauptportal befunden haben. Nach der Zerstörung der Burg 1702 wurde er nach Düsseldorf gebracht, wo er lange Zeit auf dem Schloßhof gelegen hat. Erst 1849 fand er in die Kaiserpfalz zurück. Seit 1900 steht er auf dem Mittelpfeiler des Bergfrieds. Der zweite, wesentlich kleinere Stein ist nur in Bruchstücken erhalten. Durch Restaurierung in der Ära von Paul Clemen wurde der vollständige Inschriftentext ermittelt. Er lautet in freier Übersetzung: „Im Jahre der Menschwerdung unseres Herrn 1184. Ein Pfleger der Gerechtigkeit, ein weiser Rächer böser Tat, hat Kaiser Friedrich, ihr zur Zier, die hohe Halle hier erbaut." Dieser Stein steht heute in der Fensternische des westlichen Erdgeschosses.

In einer anderen Fensternische befindet sich ein dritter Gedenkstein, der nach unverbürgter Überlieferung vor langer Zeit im Rhein gefunden wurde. Seine Inschrift gibt einen Hinweis auf das für den Burgbau verwendete Steinmaterial: „Vom Felsen des Drachen gesprengter Trachyt, öffne ich guten Schiffern und Bauern das Tor."

Das Hauptstaatsarchiv in Düsseldorf besitzt eine Urkunde von Erzbischof Ruprecht vom 25. Mai 1464, die Aufschluß über die Kopfzahl der damaligen Burgbesatzung gibt. Auf der „obersten Burg", also offenbar der Beletage fürs Spitzenpersonal, wohnten ein Burggraf, zwei Hofleute, ein Pförtner, vier Turmknechte, vier Schildwächter. In der „untersten Burg" hausten zwei Pförtner, zwei Turmknechte, drei Wächter, ferner je ein Zöllner, Bäcker (zugleich Brauer), Kellner, Koch und zwölf Knechte. Falls diese Männer alle ihre Familien bei sich gehabt haben, muß es in Barbarossas Burg sehr lebhaft zugegangen sein.

Die Stadt Düsseldorf, seit der Eingemeindung von Kaiserswerth 1929 Eigentümerin der Ruine, ließ vor wenigen Jahren umfangreiche Sicherungs- und Säuberungsarbeiten durchführen. Was wird aus dem Bauwerk? Die Ruine hat, wie der Kaiserswerther Architekt Dr. Karl-Heinz Gansfort in einem Vortrag anläßlich der Kaiserswerther 800-Jahr-Feier in einem Vortrag erläuterte, immer wieder ihr Gesicht verändert. „Das Bauwerk lebt", meint Gansfort, „wir können nicht davon ausgehen, daß dieser Prozeß abgestoppt ist und eine Ruine tot wäre." Gansfort gab Denkanstöße: Die Ruine könnte unter denkmalpflegerischen Gesichtspunkten baulich wieder zu einer Kaiserpfalz des Mittelalters ergänzt werden, was freilich nur eine bundesdeutsche Aufgabe sein könnte. Eine zweite Möglichkeit wäre, lediglich die im Ansatz gut erhaltenen Räume des Palas auszubauen und zu nutzen. Als dritte Möglichkeit böte sich an, die Ruine ähnlich wie die Hersfelder Ruine zum wetterfest hergerichteten Schauplatz für Konzerte, Film- oder Theateraufführungen zu machen.

Schloß Kalkum, ein Baudenkmal der verpaßten Gelegenheiten

Es scheint alles so exakt und gerade wie mit dem Lineal gezogen. Der Eindruck bildet sich schon, wenn man am nördlichen Ausgang von Kaiserswerth fast genau rechtwinklig in die Kalkumer Schloßallee einbiegt und sich auf der schnurgeraden „Blickachse" bewegt, die genau ins Schloßtor mündet. Schloß Kalkum eine architektonische Kostbarkeit zu nennen, wäre übertrieben, aber es bildet zusammen mit dem Dorf Kalkum, der romanischen Kirche und vor allem dem herrlichen Schloßpark eine Idylle. Hier kann man wandeln und träumen und beinahe vergessen, daß sich der lärmende Flughafen ganz in der Nähe befindet.

Im breit hingelagerten Geviert des Schlosses war während des Ersten Weltkrieges ein Rekrutendepot untergebracht, wie man das damals nannte, eine Kaserne. Seit 1953 residiert hier die Abteilung 2 des Hauptstaatsarchivs. Das Land Nordrhein-Westfalen hat 1946 Schloß, Park und Nebengebäude zum Spottpreis von 750 000 Reichsmark erworben. Das war so gut wie geschenkt, aber in der damaligen Trümmerzeit schienen Schlösser und Parks keine Zukunft zu haben. Das Land wollte hier ursprünglich eine Ausbildungs- und Arbeitsstätte für Flüchtlinge einrichten. Dieser Plan fiel der Währungsreform zum Opfer. Später wurden diverse Millionen investiert, um das Schloß für das Hauptstaatsarchiv herzurichten. Es gab eine lebhafte öffentliche Diskussion, ob es ratsam war, viel Geld in ein durch den Krieg heruntergekommenes Schloß zu stecken und dann darin eine Behörde unterzubringen. Heute muß man das bejahen. Das Schloß wurde als historisches Denkmal erhalten, und das Archiv ist eine allen Bürgern zugängliche Quelle zur Erforschung der Geschichte. Der historische Bau und seine heutige Zweckbestimmung passen sinnvoll zusammen.

Mehr als zwei Jahrhunderte war das Schloß im Besitz der Familie von Hatzfeld, aber die Geschichte der alten Wasserburg reicht bis tief ins Mittelalter zurück. Aus der rheinischen Landesgeschichte sind die Auseinandersetzungen zwischen den offenbar sehr fehdelustigen Herren von Kalkum und der Stadt Köln um 1400 bekannt, die sich mit kurzen Unterbrechungen über acht Jahre hinzogen und viel Unruhe stifteten. An dieser sogenannten „Kalkumer Fehde" hat sich auch der als sehr gewalttätig bekannte Jungherzog Adolf von Berg beteiligt. Es wird angenommen, daß damals die ursprüngliche Burg von den Kölnern zerstört worden ist.

Um die Mitte des 15. Jahrhunderts taucht in der Geschichte von Kalkum das Rittergeschlecht von Winkelhausen auf. Unter dem 1676 gestorbenen Ludger von Winkelhausen wurden die Reste der alten Burg zu einer großen Barockanlage ausgebaut, die das heutige Schloß in seinem Grundriß noch mitprägt. Der Architekt Georg Peter Leydel schuf in den Jahren 1806 bis 1814 das klassizistische Herrenhaus und damit die repräsentative Westfront des Gebäudekomplexes mit dem Haupttor. Originell ist dabei die genau spiegelbildliche Gegenüberstellung der beiden gleichen, den Mittelteil überragenden Schloßflügel, von denen jeder zwei Fensterreihen mit je acht Fenstern aufzuweisen hat. Die beiden Flügel werden von wuchtigen quadratischen, dreistöckigen Türmen flankiert.

Den Mittelteil dieser symmetrischen Großfassade bildet ein Risalit mit dem von zwei Säulen und einem Rundbogen geschmückten Tor. Zwischen dem Rundbogen und der darüber befindlichen Fenstertür prangt das reichgezierte Hatzfeldsche Wappen. Den Mitteltrakt krönt eine schlanke Laterne. Dieser bescheidene Schmuck steht in einem gewissen Gegensatz zur Kargheit der beiden ausladenden Flügel. Die horizontale gerade Linie spielt eine vorherrschende Rolle, ein Eindruck, der noch durch die gerade Einfassung des Schloßgrabens und dem unmittelbar daneben in einem schnurgeraden Kanalbett dahinfließenden Schwarzbach unterstrichen wird. Am Eingang der Schwarzbachbrücke halten zwei kleine steinerne Löwen einsame Wache.

Das Gesamtbild dieser Fassade ruft auf den ersten Blick keinesfalls einen spontanen Aha-Effekt hervor. Der unvorbereitete Betrachter muß auf gewisse Feinheiten erst aufmerksam gemacht werden. Vielleicht ist dabei in Betracht zu ziehen, daß der aus einer bekannten Baumeisterfamilie stammende Architekt Georg Peter Leydel sich in Kalkum nicht völlig frei entfalten konnte, weil er es mit einer schwierigen Bauherrin zu tun hatte. Es war die 1806 nach Kalkum gezogene Gräfin Maria Anna von Hatzfeld, eine sehr energische verwitwete Dame, die offenbar immer wieder in die Planung eingriff. Architekt und Bauherrin schieden im Unfrieden voneinander. Anschließend beschäftigte die Gräfin eine ganze Reihe von Architekten, deren Planungen jedoch aus verschiedensten Gründen nicht zur Ausführung kamen. Schloß Kalkum könnte man als Baudenkmal der verpaßten Gelegenheiten bezeichnen.

Blick von Norden auf Schloß Kalkum. Hier befinden sich die ältesten Teile des Baues.

Schloß Kalkum mit seiner nach Westen gerichteten Schokoladenseite. Im Vordergrund der südliche Eckturm.

1817 erscheint Johann Peter Cremer, ein Mitarbeiter des genialen Architekten und Stadtplaners Adolph von Vagedes, auf der Bildfläche. Er war mit dem Bau der (inzwischen wieder entfernten) Seitenflügel des Düsseldorfer Schlosses Jägerhof beschäftigt, als er von der Gräfin den Auftrag erhielt, das Durchfahrtstor der Westfront neu zu gestalten. Seine Pläne wurden nur zum Teil berücksichtigt. Zwei Jahre später legte der münsterländische Architekt August Reinking großartige Pläne für die Neugestaltung der gerade erst fertiggewordenen gesamten Westfront vor. Das Mittelgebäude sollte nach diesen Plänen aufgestockt und in den Schloßhof hinein verbreitert werden. Es hätte dadurch eine beherrschende Rolle erhalten. Die Krönung sollte durch eine Kuppel gebildet werden. Reinking verstarb jedoch noch im Jahr seines Antritts auf Kalkum, und aus seinen Plänen wurde nichts.

Ein Jahr darauf erscheint Friedrich Weinbrenner, der in Düsseldorf ein Theater bauen sollte und bei dieser Gelegenheit für den Kalkumer Schloßbau herangezogen wurde. Seine Pläne sahen ebenfalls einen höheren Mittelbau vor. Die beiden Flügel sollten mächtige Flachgiebel erhalten, und der ganze Baukörper hätte einen schweren, pathetischen Charakter bekommen. Doch Weinbrenners Düsseldorfer Theaterprojekt scheiterte, und allein des Kalkumer Umbaues wegen wollte er wohl nicht in Düsseldorf bleiben. Auch sein Kalkumer Gastspiel hat deshalb keine Spuren hinterlassen.

Erfolgreicher war Anton Schnitzler, ebenfalls ein Vagedes-Schüler, der 1821 den Küchentrakt an der Südfront um ein flaches Dachgeschoß erhöhte und damit in der Höhe dem Herrenhaus anglich. Die Front des Küchentraktes mit den ohne Profil in die Wandfläche geschnittenen Fenstern erinnert an die ebenfalls von Schnitzler gebaute Maxschule in der Düsseldorfer Citadellstraße. Von diesem Baumeister stammen auch zahlreiche vornehme, um die Mitte des 19. Jahrhunderts entstandene Wohnhäuser, die mit ihren gußeisernen Balkonen und tiefen Eingangsnischen das Bild vieler Düsseldorfer Straßen prägten und größtenteils in den Bom-

Ein Parkspaziergang in Kalkum bietet viele reizvolle Perspektiven. Partie an der Nordseite des Schlosses.

Blick in den Schloßhof. Maximilian Friedrich Weyhe bepflanzte ihn 1825 mit drei Ringen von Linden.

Aus einiger Entfernung tritt eine architektonische Besonderheit der Schloßfassade deutlich hervor: Zwei genau gleiche Flügel mit einem tieferliegenden Mittelteil.

bennächten des Zweiten Weltkrieges zugrunde gegangen sind. Schnitzler hat in Kalkum Kapitelle für Innenräume und Geländer und Laternen für die hofseitige Freitreppe entworfen.

Ab 1836 leitete der Essener Baumeister Heinrich Theodor Freise, von dem auch der Neubau des Schlosses Heltorf um 1824 stammt, alle Bauarbeiten in Kalkum. Während seiner Zeit wurde die klassizistische Ausstattung der sogenannten Prunkräume im Erdgeschoß des Herrenhauses geschaffen. Diese Räume mit ihren feingliedrigen Stuckarbeiten und farbenreichen Dekorationsmalereien wurden 1960 großartig rekonstruiert und dienen heute dem Kultusministerium für kleine Empfänge. Gelegentlich finden hier auch Kunstausstellungen statt, doch es scheint, daß die Gelegenheiten, bei denen die kostbare Ausstattung dieser Räume gegenüber einer größeren Öffentlichkeit ins rechte Licht gesetzt werden könnte, nicht allzu zahlreich sind.

Die baulustige alte Gräfin Maria Anna von Hatzfeld war 1833 verstorben. Nachfolger auf Kalkum wurde ihr Enkel Edmund von Hatzfeld, der schon am 12. August 1822 auf dem Schloß mit der 18jährigen Sophie von Wildenburg-Schönstein glanzvoll Hochzeit gefeiert hatte. Das Schloß war mit 3000 Lampions illuminiert. Durch Böllerschüsse zerplatzten viele Fensterscheiben. Am Tag darauf wurde die ganze Bevölkerung von Kalkum aufs Schloß geladen. Diese große Fete war die Ouvertüre für eine äußerst unglückliche Ehe, die 1851 in einem aufsehenerregenden Prozeß geschieden wurde. Anwalt der Gräfin war der junge Ferdinand Lassalle, der spätere Gründer des Allgemeinen Deutschen Arbeitervereins, einer der beiden Vorläufer der Sozialdemokratischen Partei Deutschlands. Die 38jährige Gräfin, Mutter von drei Kindern, hatte den 21jährigen Studenten Lassalle 1846 in Berlin kennengelernt. Ihr Verhältnis bildet ein oft beschriebenes Kapitel aus der Frühzeit der deutschen Arbeiterbewegung. Gräfin Sophie wurde begeisterte Anhängerin des Freiheitskämpfers. Vor wenigen Jahren hat man in einem turmartigen Pavillon südlich des Schlosses an der Mauer nach der Oberdorfstraße hin eine kleine Gedenkstätte für Lassalle eingerichtet. Im Innenhof des Schlosses erinnert eine Gedenktafel an Sophie von Hatzfeld. Sie zeigt den Kopf der Gräfin im Profil und den Text: „Ihrer Zeit weit voraus erkämpfte sie sich Freiheit, politisches Urteil und geistige Unabhängigkeit."

Die Erinnerung an Sophie von Hatzfeld und Lassalle hat die bemerkenswerte Rolle eines anderen Hatzfeldschen Familienmitgliedes im wilhelminischen Kaiserreich zu Unrecht fast vergessen lassen. Paul von Hatzfeld, der 1831 in Düsseldorf geborene jüngste Sohn Sophies aus der unglücklichen Ehe mit dem Grafen Edmund, hat als Botschafter in London bis zu seinem Tod 1901 in mühevoller diplomatischer Kleinarbeit hinter den Kulissen immer wieder versucht, die vornehmlich von Kaiser Wilhelm II. verursachten Verstimmungen mit dem britischen Königshaus und der britischen Regierung auszubügeln. Eine Würdigung des Wirkens von Paul von Hatzfeld, die ein Schlaglicht auf das politische Ränke- und Intrigenspiel im wilhelminischen Deutschland werfen könnte, muß noch geschrieben werden.

Von der Arbeit eines anderen Mannes, der in der Geschichte von Kalkum eine Rolle spielte, profitieren die Besucher noch heute: Maximilian Friedrich Weyhe, der Schöpfer des Düsseldorfer Hofgartens, hatte hier wie auch bei zahlreichen anderen Parks in Düsseldorf und Umgebung seine glückliche Hand im Spiel. Er stammte wie der wenig ältere Schloßbaumeister Leydel aus Poppelsdorf, und wahrscheinlich hat Leydel ihn den Hatzfelds empfohlen. Im Gegensatz zu Leydel hat Weyhe sein Werk offenbar ungestört vollenden können – seinen „Englischen Garten", der im Gegensatz zu den strengen Linien des Schlosses harmonisch geschwungene Bodenwellen aufweist und durch immer wechselnde, von Bäumen, Sträuchern und Wiesenflächen geschaffene Eindrücke erfreut.

Schloß Mickeln entstand nach einem Genueser Vorbild

Wer Überraschungen liebt und lange nicht hier war, sollte sich Schloß Mickeln zuerst von Süden her nähern, auf dem Kölner Weg, der hinter dem Deich durch die Wiesen des Himmelgeister Rheinbogens führt. Während rechts der Kirchturm von Itter herüberwinkt, tauchen vor uns hinter Baumwipfeln des Parks undeutlich die Umrisse des Schlosses auf. Generationen von Wanderern im idyllischen Himmelgeist haben sich damit begnügt, das Schloß nur durch diesen Blick aus gehöriger Entfernung zur Kenntnis zu nehmen. Mehr schien sich nicht zu lohnen. Der alte Kasten dämmerte in bedauernswertem Zustand vor sich hin und sollte, wie man munkelte, ohnehin abgebrochen werden.

Nun aber, beim Näherkommen, schimmert der Bau in hellem, lichtem Gelb durchs Geäst, und wer einen Bogen um Schloß und Park schlägt und von der Straße Alt Himmelgeist her durchs Parktor schreitet, kann die Wiedergeburt eines längst verlorengeglaubten alten Gemäuers erleben: Schloß Mickeln ist so prächtig aufpoliert, wie es wahrscheinlich nur Menschen des 19. Jahrhunderts gesehen haben. Die dreigeschossige Fassade unter dem flachgeneigten Zeltdach leuchtet am Ende der akkurat gepflasterten Lindenallee. Über dem kleinen Balkon mit kunstvollem Gitter im ersten Stock prangt das Herzoglich Arenbergsche Wappen: drei goldene Mispelblüten mit Löwen und Greif als Schildhalter. Alles strahlt in frischem Glanz, auch die beiden steinernen Löwen, die die große, zu den drei Portalen führende Freitreppe flankieren.

Wer dieser einzigartigen Verwandlung nachspürt, kommt zu dem Ergebnis, daß es sich hier um einen exemplarischen Fall von Denkmalpflege handelt, vorbildlich im guten Willen aller Beteiligten, vor allem der Eigentümer und Geldgeber – und schließlich in der gewissenhaften Ausführung. Rechtzeitig bevor die Eigentümerin des Hauses, die Arenbergsche Grundstücksverwaltung, ernsthaft und – wie es heißt – durchaus nicht leichten Herzens den Abriß zu erwägen begann, entdeckte der Landeskonservator 1969 Schloß Mickeln als „eines der nobelsten Werke des Spätklassizismus am Niederrhein, mit dessen Ausgewogenheit und Geschlossenheit sich vielleicht kein anderer Bau seiner Art in unserer Landschaft messen kann". Gleichzeitig ließ der Landeskonservator wissen, daß er sich einem Abbruch mit allen ihm zur Verfügung stehenden Mitteln widersetzen würde.

Auf dieses klare Votum hin deutete die Arenbergsche Verwaltung die Möglichkeit an, das Schloß der Stadt Düsseldorf zu schenken, falls sich ein öffentlicher Verwendungszweck finden ließe. Die Stadt fing den Ball auf und entschied sich dafür, im Schloß eine Heimvolkshochschule einzurichten, denn eine solche Stätte der Erwachsenenbildung wurde in

Düsseldorf seit langem vermißt. Die Daten der weiteren Entwicklung lassen sich aus der schönen Festschrift ablesen, die die Ehrengäste zur Eröffnung der Heimvolkshochschule im Juni 1978 überreicht bekamen: 1973 Annahme der Schenkung durch die Stadt, anschließend gründliche Planung. Erst 1976 – der einzige Schönheitsfehler auf der Zeittafel – sah sich das Land in der Lage, einen Zuschuß aus seinen Mitteln der Denkmalpflege in Höhe von 220 000 Mark zu bewilligen. Den ansehnlichen Rest der Gesamtkosten von 4,1 Millionen trägt die Stadt. Ende 1976 ist Baubeginn, und 18 Monate später kann der erste Kursus der Heimvolkshochschule mit dem Thema „Deutsch für Ausländer" im Schloß beginnen.

Diese äußeren Daten sagen nichts aus über die Einfühlungsbereitschaft, mit der die Restauratoren des städtischen Hochbauamtes in engem Kontakt mit dem Landeskonservator hier zu Werke gegangen sind. Kommunales Bauen bedeutete in den Jahren des Wiederaufbaues fast immer nur Schaffung neuer Bauwerke, wobei man auf Überkommenes keine Rücksicht zu nehmen brauchte. Da war bei Schloß Mickeln ein Lernprozeß durchzumachen, gleichsam eine geistige Durchdringung dieses Bauwerks, bevor es stilgerecht und doch gemäß seinem künftigen Verwendungszweck erneuert werden konnte. Das setzte die Beschäftigung mit der Schloßhistorie voraus, bei der manche Merkwürdigkeit ans Licht kam.

Das Schloß, wie wir es heute kennen, verdankt seine Entstehung lediglich der Pingeligkeit einer Versicherungsgesellschaft, die auf ihrer strengen Auslegung von Versicherungsparagraphen beharrte. An einem Sommertag 1836 war das alte Schloß, dessen Anfänge bis in die zweite Hälfte des 13. Jahrhunderts zurückreichen und von dem sich heute noch spärliche Reste auf dem Meierhof nachweisen lassen, in wenigen Stunden ein Raub der Flammen geworden. Der Besitzer, Herzog Prosper Ludwig von Arenberg, wollte den von der Feuerversicherung zu leistenden Betrag für einen Bau im Vest Recklinghausen verwenden. Die Bestimmungen, an denen die Versicherung trotz Einschaltung des Königs von

Einer der beiden steinernen Löwen, die die große Freitreppe von Schloß Mickeln flankieren. Die fürstlichen Bauherren von einst und ihr Architekt sahen in den Wüstentieren Symbole der Macht.

Die Schloßfassade in neuem Glanz. Über den drei Portalen und dem mit kunstvollem Gitterwerk geschmückten Balkon prangt das Herzoglich Arenbergsche Wappen der früheren Schloßherrschaft.

Preußen nicht rütteln lassen wollte, gestatteten aber nur einen Wiederaufbau an Ort und Stelle. Notgedrungen gab schließlich der Herzog seinem „Rentkammerbauinspektor" Alexander Joseph Niehaus, geboren 1802 in Haselünne, den Auftrag, etwa 200 Meter nördlich vom abgebrannten Schloß ein neues Schloß zu bauen. Für Niehaus, der im herzoglichen Dienst hauptsächlich mit Instandsetzungen und sonstigen kleineren Arbeiten beschäftigt war, bedeutete das wahrscheinlich den Auftrag seines Lebens. Bei der Ausführung ließ er sich, das hat jetzt Dr. Irmingard Achter überzeugend nachgewiesen, von einem Vorbild in Genua leiten, von der Villa Cambiaso des Genueser Baumeisters Galeazzo Alessi aus dem Jahre 1548.

In der Tat ist die Ähnlichkeit der Villa in Genua mit dem Schloß in Himmelgeist geradezu faszinierend: hier wie dort ein freistehender kubischer Bau mit vier gleichen Schauseiten, von denen jede einen zurückspringenden, dreifenstrigen Mittelteil aufweist. Nur die Ausmaße sind in Himmelgeist auf ein bescheideneres Maß zurückgeschraubt.

Ob der herzogliche Bauherr selbst oder Niehaus von ihren Italienreisen die ersten Anregungen für den Bau in Himmelgeist mitgebracht haben, läßt sich heute nicht mehr nachprüfen. In der Festschrift zur Einweihung der Heimvolkshochschule stellt Dr. Irmingard Achter fest, daß angesichts der kompletten Übernahme des Grundriß- und Aufrißschemas von Genua eine genaue Kenntnis der Genueser Baupläne vorausgesetzt werden muß. Höchstwahrscheinlich hat kein Geringerer als der große Peter Paul Rubens die Baupläne nach Himmelgeist übermittelt. Rubens ließ 1606 nach seinem Besuch in Genua einige der ihm höchst bedeutsam erscheinenden Häuser des Genueser Stadtadels vermessen, zeichnen und für die Veröffentlichung stechen. 1622 erschien das Werk „I palazzi di Genova". Im Vorwort betont Rubens, daß er damit Menschen im nördlichen Europa Anregungen für beispielhaftes Bauen geben wolle.

In Mickeln sind seine Anregungen auf fruchtbaren Boden gefallen. Dennoch hatte Niehaus viel Mühe mit seinem Bau. Zwischen 1838 und 1842 hat er vierzehnmal die damals noch beschwerliche Reise von Meppen an der Ems, seinem Amtssitz, nach Himmelgeist unternommen. Sein herzoglicher Bauherr, mit dem die Pläne immer wieder abgestimmt werden mußten, residierte entweder in Brüssel, Enghien, Herverlee oder Bonn. Die zeitweise Abwesenheit des Architekten und Bauleiters erzwang hier offenbar ein besonders gewissenhaftes und rationelles Planen. Die Symmetrie und Ökonomie der bis auf die Freitreppe und die drei Türen vollkommen gleichen Außenseiten waltete auch im Innern. Bis zur Neugestaltung 1976 wiesen alle drei Stockwerke eine nur durch das Treppenhaus beeinträchtigte gleiche Raumaufteilung auf. Es gab 57 Fenster in nur drei verschiedenen Größen, bei den Eichenbohlen der Fußböden kam man weitgehend mit einem einzigen Längenmaß aus, und Fenster und Türen konnten gleich im Dutzend angefertigt werden. Ein großer Bestand an Baurechnungen, Kostenaufstellungen, Lohnlisten und anderen Unterlagen in den Arenbergschen Archiven gibt interessante Einblicke in die Abwicklungsmethode gut organisierten Bauens in der ersten Hälfte des 19. Jahrhunderts.

Im Herbst 1840 war die „Genueser Villa" in Himmelgeist unter Dach. Im Dezember 1842 lag die Endabrechnung vor: 28 500 Taler, einschließlich fünf Prozent Architektenhonorar, aber ohne Kosten für die Parkanlage – es war die letzte Arbeit des Gartenkünstlers Maximilian Friedrich Weyhe. Der Bauherr hat sein Schloß nie benutzt, ja, er hat es, wie versichert wird, weder im Bau noch im fertigen Zustand jemals gesehen, sondern zog als Sommeraufenthalt, für den Mickeln zunächst geplant gewesen war, die ehemalige Prämonstratenser-Abtei Rommersdorf bei Neuwied vor. Lange Zeit diente Schloß Mickeln, um es nicht gänzlich leerstehen zu lassen, den Beamten der Arenbergschen Domänenverwaltung für Wohn- und Bürozwecke. Die Räume wurden nach dem Zweiten Weltkrieg provisorisch in Wohnungen unterteilt.

Ab 1971 stand das Haus völlig leer, was seinem Zustand nicht bekömmlich war. Ein Teil der wandfesten Ausstattung,

Park und Schloß sind auch in Mickeln reizvoll aufeinander abgestimmt. Der Park war Weyhes letztes Werk. Nach seinem Tode 1846 stiftete der fürstliche Bauherr 30 Taler für das Weyhe-Denkmal im Düsseldorfer Hofgarten.

der später in mühevoller Kleinarbeit ersetzt werden mußte, ging verloren. Doch zu Beginn 1974 ließ die Stadt Düsseldorf als neue Eigentümerin Sicherungsarbeiten vornehmen. Dabei konnten wertvolle Stukkaturen, Wand- und Deckenmalereien sowie Vertäfelungen gerettet werden. Dann galt es, das von der Heimvolkshochschule gewünschte Raumprogramm in die Bausubstanz einzupassen.

Im Erdgeschoß wurde die Raumaufteilung beibehalten, während sich die oberen Etagen und das Dachgeschoß durch Einbau von 30 Einzelzimmern und einer Wohnung für die Hausverwaltung völlig veränderten. Zusätzliche technische Einrichtungen, zum Beispiel ein Personenaufzug für behinderte Gäste der Heimvolkshochschule vom Keller bis zum Dachgeschoß, waren erforderlich. In den „Prunkräumen" des Erdgeschosses, die heute als Seminarräume dienen, haben behutsame Hände von Restauratoren und Handwerkern bei der Erneuerung der Farben, gemalten Figuren und Ornamente Meisterstücke vollbracht. Hier lesen, schreiben, diskutieren oder hören Besucher der Heimvolkshochschule ihren Referenten zu – ein moderner Lehrbetrieb im überkommenen, stilvollen Rahmen.

Der reizvollen Atmosphäre dieses Hauses, die der herzogliche Bauherr, sein Architekt Niehaus und dessen Ideenspender Galeazzo Alessi aus Genua sowie die mit vorbildlichem Fingerspitzengefühl zu Werke gegangenen Erneuerer der siebziger Jahre unseres Jahrhunderts gemeinsam geschaffen haben, kann sich niemand entziehen.

Fürst Josephs großartige Baumsammlung im Park von Schloß Dyck

Die Schloßverwaltung von Schloß Dyck hat weise vorgesorgt. Einen so geräumigen und gepflegten Parkplatz unmittelbar vor Ort hat vermutlich keine historische Sehenswürdigkeit weit und breit aufzuweisen. An Sonn- und Feiertagen wird hier bei schönem Wetter eine gewaltige Blechlawine aufgefangen, die größtenteils auf der bequemen Piste über die A 46 Düsseldorf–Aachen (Abfahrt Korschenbroich) herangerollt ist. Das Schloß liegt etwa in der Mitte eines von Neuss, Grevenbroich und Mönchengladbach gebildeten Dreiecks. Nur ein paar Schritte vom Parkplatz entfernt steht der wuchtige Torbau, auf dem ein rot-weißer Wimpel flattert. Darunter prangt in respektabler Größe das steinerne Wappen der Schloßherren von Salm-Reifferscheidt-Dyck, die seit Jahrhunderten hier residieren und jetzt von der Fürstin Cäcilie repräsentiert werden.

In den steinernen Schilderhäuschen zu beiden Seiten des Torbaus stehen zwar keine Posten mehr; dennoch ist dem Normalbesucher der Eintritt verwehrt. Er kann jedoch gleich nebenan am Parkeingang für 4 DM eine Karte für die kombinierte Park- und Schloßbesichtigung lösen (allein für den Parkbesuch zahlen Erwachsene 2 DM und Kinder 50 Pfennig) – und wandelt dann im Schatten hoher Baumwipfel in ein grünes Zauberreich hinein, denn dieser Park ist eine Sehenswürdigkeit ersten Ranges. Weite, leicht gewellte Wiesenflächen werden von Baum- und Strauchgruppen umsäumt und von einem leuchtenden Blütenteppich durchzogen.

Hier gibt es von den ersten sonnigen Frühlingstagen bis in den späten Herbst immer wieder wechselnde Farbtöne zu bewundern. Es beginnt mit dem Anemonen-, Narzissen- und Primelflor und endet im Herbst mit den herrlichen Laubfarben der vielerlei hier versammelten Baumarten, vor allem der Buchen, die sich am Rande des Parks zu einem kleinen Wald verdichten. Alle paar Schritte bietet sich dem Besucher ein neues Panorama, das er in Ruhe betrachten kann, denn überall gibt es Bänke und Sitzgruppen, nicht beliebig hingestellt, sondern mit Bedacht und Phantasie an besonders reizvollen Stellen plaziert.

Vielleicht ist auf den Bänken unter der alten, breit ausladenden Sumpfzypresse unmittelbar am Schloßweiher, auf dem sich das Federvieh tummelt, der schönste Platz. Von hier hat man einen Blick auf die Schloßfassade und auf eine wundervolle japanische Tulpenmagnolie, die im Frühlingssonnenschein in ihrer weißen Blütenpracht vor dem dunklen Hintergrund hoher Bäume wie von Schnee überschüttet erscheint. An stillen Tagen stört kaum ein Geräusch diese idyllische Einsamkeit, weder Autobahn noch Eisenbahn sind in der Nähe – nur Vogelgezwitscher ist zu hören und das

Flügelschlagen der Enten, wenn sie über das schimmernde Wasser des Schloßweihers fliegen.

Dieser Park, der noch vor wenigen Jahrzehnten als eine Art Geheimtip für Kenner galt, genießt einen besonderen Ruf als bedeutender privater botanischer Garten. Diesen Ruf hat Fürst Joseph Salm-Reifferscheidt-Dyck begründet, der sich um 1809 durch die napoleonischen Kriegswirren nicht davon abhalten ließ, systematisch Verbindungen mit führenden Botanikern in zahlreichen europäischen Staaten aufzunehmen und in Dyck ein „Mesembryanthemum" – eine exotische Zierpflanzensammlung – anzulegen, die bis 1834 auf nicht weniger als 1500 Arten und Abarten angewachsen war. Der Fürst erwarb sich durch seine Sammelleidenschaft so umfassende Kenntnisse, daß er selbst neue Arten von Fettblatt-Pflanzen entdeckte, die nach ihm benannt wurden. Leider existiert die Sammlung heute nicht mehr.

Ein anderer Teil des Lebenswerks von Fürst Joseph hat sich glücklicherweise bis heute erhalten und wird fachmännisch gepflegt: die einzigartige Baumsammlung mit 190 verschiedenen Gehölzen, ein kostbares Relikt der Zeit, da es in begüterten Kreisen beliebt war, wenigstens in Gedanken den Spuren Alexander von Humboldts auf seinen Entdeckungsreisen in entlegene Teile der Welt zu folgen und sich dank neuer Handelsbeziehungen seltene Gewächse von dort kommen zu lassen und in den eigenen Park oder Garten zu verpflanzen. Der damalige Schloßherr von Dyck wollte, wie es in seinem Verzeichnis aller in den „Botanischen Gärten von Dyck" vorhandenen Pflanzen aus dem Jahre 1834 heißt, „alle unter freiem Himmel im hiesigen Klima ausdauernden Bäume und Sträucher vollständig aufnehmen". Er wollte „dem Fortschreiten der Wissenschaft förderlich seyn", gleichzeitig aber, wie in dem Verzeichnis, von dem es in der Schloßbibliothek nur noch ein einziges, sorgfältig gehütetes Exemplar gibt, weiter zu lesen ist, „auch dem Auge gefällige Abwechslung bieten". Bäume und Sträucher sollten nicht nach streng wissenschaftlichen Gesichtspunkten aufgereiht, sondern im Park verstreut und seinem Landschaftscharakter

harmonisch eingefügt werden, ein Prinzip, an dem die Parkbesucher noch heute ihre helle Freude haben.

Man kann im Park von Dyck lustwandeln und gleichzeitig im Vorübergehen seinen botanischen Wissensschatz auffrischen, sofern man sich die Mühe macht, die zum Teil schon recht verwitterten und sehr hoch an den Stämmen angebrachten Tafeln mit den lateinischen und deutschen Bezeichnungen der Baumarten zu studieren. Doch immer wieder kann das Auge abschweifen und neue Landschaftsbilder entdecken, die an diesem nach Muster eines Englischen Gartens angelegten Park faszinieren. Peter Joseph Lenné und Maximilian Friedrich Weyhe, der Schöpfer des Düsseldorfer Hofgartens, sind von den Dycker Schloßherren bei der Planung des Parks zu Rate gezogen worden.

Eine reizvolle Eigenart von Dyck ist der Zusammenklang von Schloß und Park: ein abwechslungsreiches Spiel mit immer neuen Perspektiven. Wo immer man sich im Park befindet – der wuchtige Schloßbau bleibt meist sichtbar, und sei es nur mit einem kleinen Ausschnitt einer Fassade. Dieses Schloß ist ein Sonderfall unter den rheinischen Wasserburgen: eine völlig intakte Anlage, deren imposante Größe mit Hochschloß, Vorburgen, Wirtschaftsgebäuden, Gartenhäusern, Obstplantagen und Park, Wassergräben und Umwehrungen sich dem Betrachter erst aus der Vogelschau

Vom Park aus präsentiert sich eindrucksvoll das annähernd quadratische, an den vier Ecken mit Türmen geschmückte Hochschloß.

Ein verzweigtes Weiher- und Grabensystem trennt Hochschloß, Vorburg und Wirtschaftsgebäude. Dennoch erscheinen die verschiedenen Teile zusammen wie ein geschlossener Baukörper.

Torturm und Schilderhäuschen mit dem Wappen der Schloßherren, deren Familie hier seit dem Mittelalter residiert.

An welcher Stelle des großen Parks man sich auch befindet – das Hochschloß bleibt fast immer in Sichtweite.

Wie ein Baldachin wölbt sich der Pavillon über die Borockbrücke im Park, die aus dem Jahr 1769 stammt.

ganz erschließt. Das ist ein Wohnsitz von wahrhaft fürstlicher Größenordnung, ein gewaltiger Komplex, in dem sich ein Unkundiger nur mit Hilfe eines Lageplans zurechtfinden könnte.

Die Ausmaße dieses fürstlichen Anwesens stehen in einem grotesken Verhältnis zur Winzigkeit des Fürstentums im Grenzgebiet von Kurköln und Jülich-Geldern, das die Herren von Salm-Reifferscheidt-Dyck einst von hier aus regiert haben. Zentrum des öffentlichen Lebens in diesem Zwergterritorium mit Gerichtsverhandlungen, Versteigerungen und sonstigen für die Untertanen wichtigen Ereignissen war das Dycker Weinhaus, das noch heute, ein paar Steinwürfe vom Schloß entfernt, als Gaststätte existiert. Das benachbarte, in seinen Anfängen aus dem 17. Jahrhundert stammende St.-Nikolaus-Kloster, dessen Gebäude ebenfalls noch gut erhalten sind, war einer der Mittelpunkte des kirchlichen Lebens.

Das vierflügelige Hochschloß geht in seiner heutigen Gestalt im wesentlichen auf die Jahre 1656–1663 zurück. Doch schon früher existierte eine Burg, in deren Geschichte es nicht an Schlachtenlärm und Kampfgetümmel gefehlt hat. 1383 wurde in ihren Mauern ein als gefürchtet bezeichneter Herr von Dyck geschlagene sechs Wochen lang von Truppen des Erzbischofs von Köln und des Herzogs von

Die Südfront des Hochschlosses. Rechts schließen sich Vorburg und Wirtschaftsgebäude an – zusammen ein Baukomplex von imposanter Größe.

Jülich/Geldern belagert, ehe er sich der feindlichen Übermacht ergeben mußte und die Sieger die Burg zerstörten. Doch schon zehn Jahre später fühlte sich derselbe Herr von Dyck in seinen Mauern so sicher, daß er den Kölnern wieder die Fehde ansagte. Seit Johann VI., der 1455 durch Heirat mit einem Ritterfräulein aus der Nachbarschaft sein Herrschaftsgebiet arrondieren konnte, dürfen sich die Herren von Dyck nach ihren Besitzungen Salm-Reifferscheidt-Dyck nennen.

Neben dem Botaniker Joseph, dem wir den Park mit der Baumsammlung verdanken, verdient in der fürstlichen Ahnengalerie auch Altgraf Ernst Salentin aus dem 17. Jahrhundert einen Stern. Unter seiner Ägide entstand das barocke Hochschloß, eine annähernd quadratische Anlage mit je einem Turm an den vier Ecken. Daran schließt sich in der dem Park entgegengesetzten Richtung die weit ausladende Vorburg in Hufeisenform an. Es folgt die als Winkelbau angelegte zweite Vorburg und schließlich der ausgedehnte Wirtschaftshof. Der Weg durch den Torbau am Wirtschaftshof vorbei durch die Höfe der beiden Vorburgen, bis man schließlich vor dem Hochschloß steht, läßt das Ganze wie einen geschlossenen Baukörper erscheinen, obwohl die Teile durch ein verzweigtes Weiher- und Grabensystem voneinander getrennt sind.

Von dieser ganzen Herrlichkeit bekommt der Besucher für sein Eintrittsgeld nur einen kleinen Teil des Hochschlosses zu sehen. Die Schloßbesichtigung ist eigentlich nur eine freundliche Zugabe zum Besuch des Parks, der die Hauptattraktion von Dyck bildet, es sei denn, man wäre ein Kenner und Freund von Gewehren. In einem solchen Fall dürfte sich auch die reichhaltige Waffensammlung als Sehenswürdigkeit erweisen. Sie geht auf die Gewehrkammer des Altgrafen Ernst Salentin zurück, der auch das barocke Hochschloß erbaute. Seitdem hat die lange Kette von Generationen der Hausherren hier ihre Flinten hinterlassen, deren große Zahl sicher Rückschlüsse auf die einstige Ergiebigkeit des Jagdreviers von Dyck zuläßt. Der Laie lernt, daß eine Flintensammlung auch kunstgeschichtliche Aspekte haben kann, denn es gibt Schäfte mit reichen Intarsien von Edelholz, Perlmutt und Metall zu bewundern.

Neben der Waffensammlung sieht der Besucher eine Reihe hervorragender Möbelstücke aus verschiedenen Epochen, einige Gobelins, einen Salon mit Ledertapete aus dem 18. Jahrhundert, eine Bibliothek mit 20000 Bänden aus dem 16., 17. und 20. Jahrhundert und eine chinesische Seidentapete, die aus einem Schloß im Burgenland stammt und von Kaiserin Maria Theresia aus China bezogen wurde. Nach Schloß Dyck ist die Tapete im Erbgang gekommen.

Schließlich gleitet man in den obligaten Schloßbesichtigungs-Filzpantoffeln durch ein mit Empiremöbeln ausgestattetes Napoleon-Zimmer. Der Schloßführer spricht diplomatisch vom „sogenannten" Napoleon-Zimmer, weil nicht einwandfrei feststeht, ob Napoleon wirklich hiergewesen ist. Auf solche Feinheiten muß geachtet werden.

Schloß Liedberg – schon ein Ausguck zur Römerzeit

Ja, so wie Gottfried Fix möchte man wohnen, wenn man das lärmerfüllte und nervenaufreibende Leben in der Großstadt wieder einmal satt hat! Gottfried Fix ist Schloßherr, besser Burgherr, stolzer Besitzer eines einstigen Rittersitzes, den er unermüdlich pflegt, an dem er werkelt und bastelt, und in dem er möglichst nicht gestört werden will mit Ausnahme von zwei Tagen alljährlich im August. Dann steht auf dem Programm „Öffnen der Burgtore (Eintritt frei)", dann strömt das Volk zuhauf, dann schmettern die Fanfaren, denn dann findet das beliebte Sommerfest auf Schloß Liedberg statt. Veranstalter ist der Förderkreis Schloß Liedberg, und als Schirmherr fungiert ein Kreistagsabgeordneter. Schauplatz ist ein großes Zelt im Schloßhof, denn das Herrenhaus, in dem Gottfried Fix mit seiner Frau wohnt, wäre viel zu klein für eine so fröhliche Menschenmenge, die alljährlich hier zusammenströmt.

Doch im Vertrauen: Fest hin, Fest her. Auch an festfreien, ganz gewöhnlichen Sonn- oder Werktagen lohnt ein Besuch in Liedberg, selbst wenn dann das Schloß- oder Burgtor geschlossen bleibt; so sehr Aufregendes ist nämlich im Innern des Hofes nicht zu sehen. Hier kommt es auf das Ambiente an, auf die eigentümliche Atmosphäre des Platzes, die man überall zu spüren glaubt.

Schon der Bummel durch den Ort Liedberg, zwischen Neuss und Mönchengladbach gelegen, stimmt den Besucher wie eine Ouvertüre auf den Besuch des Schloßbezirks ein. So akkurat und herausgeputzt gibt es sicher keinen zweiten Ort weit und breit. Alles wirkt fast wie eine Ausstellung von nagelneuem überdimensionalem Spielzeug mit blitzblanken Fachwerkhäuschen und idyllischem Dorfplatz. Es scheint beinahe selbstverständlich, daß Liedberg im Wettbewerb „Unser Dorf soll schöner werden" preisgekrönt wurde. Hier konnten die Preisrichter unmöglich vorüber gehen. Erstaunlich nur, daß es möglich ist, soviel Bilderbuch-Schönheit durch längere Zeit über den betriebsamen Alltag hinweg zu bewahren.

Doch dann beginnt der Aufstieg auf die sanft gewellte Höhe des Schloßbergs, und wer den trutzigen Turm rechter Hand am Südrand des Ortes für den Bergfried des Schlosses hält, befindet sich bereits in dem Irrtum, dem die meisten unkundigen Besucher anheimfallen. Dieser sogenannte Mühlenturm gehört gar nicht zum Schloß, sondern ist ein durchaus eigenständiges Bauwerk mit sieben Geschossen. Geschichtsforscher halten es für möglich, daß der Turm ursprünglich nicht als Windmühle gebaut wurde, sondern als Teil einer älteren, längst abgetragenen Burganlage. Auf dem (in Nord-Süd-Richtung) 700 Meter langen und 300 Meter breiten Liedberg, dessen Sandstein nachweislich schon in der Römerzeit als Baumaterial geschätzt wurde, haben im Laufe der Jahrhunderte nacheinander vermutlich drei verschiedene Burganlagen bestanden.

Die Vorläuferin der heutigen, aus dem 18. Jahrhundert stammenden Kirche unmittelbar neben dem Mühlenturm könnte als Kapelle zu einer früheren Burg gehört haben. Doch das sind Zusammenhänge, die noch näher erforscht werden müssen. Die bewaldete Kuppe des Liedberges, die wie ein Schiffsrumpf aus der weiten Ebene emporragt, ist vortrefflich als Standort für einen Beobachtungsposten geeignet. Feindliche Heerscharen wären von hier aus bereits in großer Entfernung auszumachen. Deshalb erscheint die Annahme, daß Roms Legionäre hier schon einen Wachtposten oder Ausguck unterhalten haben, durchaus plausibel.

Etwas deutlichere Konturen bekommt die Liedberger Historie erst im 12. Jahrhundert. Damals hat es ein Geschlecht von Edelherren zu Liedberg gegeben. Sie haben wahrscheinlich in der Burg gewohnt, die zum Mühlenturm gehörte. Liedbergs Edelherren, die das Gebiet zwischen unterer Erft und Niers beherrschten, sind schon im 12. Jahrhundert ausgestorben. Der letzte männliche Vertreter der Familie, Hermann von Liedberg, taucht in der Geschichte des einstigen Klosters Meer in Meerbusch-Büderich auf. Eine von Hermanns Töchtern, Hildegard von Liedberg, war Gründerin und erste Äbtissin des Klosters.

In der zweiten Hälfte des 13. Jahrhunderts kam Liedberg aus nicht näher geklärter Ursache in den Besitz der Grafen von Jülich, die sich gegen den Kölner Erzbischof Siegfried von Westerburg zur Wehr setzen mußten, weil dieser ihnen ihren Besitz streitig machte. Es handelt sich um denselben Siegfried von Westerburg, den der Herzog von Brabant im Verein mit Graf Adolf von Berg sowie Aufgeboten von Kölner Bürgern und Bergischen Bauern in der großen Schlacht auf der Worringer Heide am 5. Juni 1288 besiegte. Siegfried von Westerburg geriet in Gefangenschaft des Grafen von Berg und wurde nach Schloß Burg gebracht. Zwei Monate danach, am 14. August 1288, erhob Graf Adolf von Berg das kleine Dorf an der Düsselmündung zur Stadt. Düsseldorfs Stadterhebung war eine Folge des siegreichen Ausgangs der Schlacht von Worringen für Graf Adolf von Berg.

In der bedeutend kleineren Fehde um den Besitz von Liedberg, die vermutlich vor der Schlacht bei Worringen stattgefunden hat, blieb jedoch Siegfried von Westerburg siegreich. In dieser Auseinandersetzung muß es sogar so etwas wie einen Friedensvertrag gegeben haben, in dem sich Kurköln verpflichtete, den Jülichern als Entschädigung für den Verlust von Liedberg 5000 Goldmark zu zahlen. Das heutige Schloß Liedberg war in dieser Summe nicht enthalten, denn es existierte noch gar nicht. Die ganze Anlage mit Ringmauer, Torbau, Herrenhaus und Mittelturm ist erst im Laufe der folgenden Jahrhunderte unter kurkölnischer Herrschaft entstanden. Das zweigeschossige Herrenhaus stammt aus dem 17. Jahrhundert.

Ältester Bauteil ist der mächtige, quadratische Torturm mit barocker Haube aus dem 14. Jahrhundert. Seine Mauerstärke beträgt immerhin 1,6 Meter. Deshalb bescheinigen ihm Heimatforscher „wehrhaften Charakter". Zur Erprobung dieser Wehrhaftigkeit hat es offenbar kaum Gelegenheit gegeben. Die Burg, in der ein Amtmann als Vertreter des kurkölnischen Landesherrn residierte, diente als Schutz der bescheidenen dörflichen Siedlung. Der Friede erfuhr keine nennenswerte Störung. Allerdings wird überliefert, daß die Bewohner umliegender Ortschaften im Dreißigjährigen Krieg nach der Schlacht bei St. Tönis 1642 vor den geschlagenen kaiserlichen Soldaten und den sie verfolgenden Hessen und Franzosen in die Burg Liedberg geflüchtet sind.

Der Besucher von heute kann in beschaulicher Ruhe den von Bäumchen und Sträuchern gesäumten Burgweg auf dikken Holpersteinen hinaufwandern und sich von der Idylle verzaubern lassen. Da das ursprünglich vorgelagerte Torhaus 1896 abgerissen wurde, blickt man schon von weitem auf den breiten Torturm mit dem grün gestrichenen Tor. Auf halber Höhe hat der Schloßherr am hölzernen Gartenpförtchen auf einem Pappschild vermerkt, daß der Besucher eine

Aufstieg zur Ruine Liedberg. Im Hintergrund der Torturm mit der Haube aus dem 14. Jahrhundert.

Impression von einem Bummel durch das wegen seiner vorbildlichen Ortsbildpflege preisgekrönte Liedberg.

Klingel neben dem Burgtor betätigen möge. Ist das geschehen, so blickt Frau Fix aus einem Fenster des Herrenhauses und fragt nach dem Begehr. Der Schloßherr wird durch einen Ruf in den Hintergrund mobilisiert. Ein Hund bellt, und dann öffnet Gottfried Fix das große Tor, ein rüstiger Sechziger mit Arbeitsschürze und aufgekrempelten Hemdsärmeln, der lebhaft bedauert, mitten in der Arbeit zu stecken und absolut keine Zeit zu haben.

Es reicht dann aber doch zu einem kleinen Interview im Schloßhof, bei dem Gottfried Fix erklärt, daß sein Leben auf der Burg ein Pensionärshobby ist. Der Fünfundsechzigjährige hat bis vor wenigen Jahren eine Gärtnerei in Köln betrieben und dann von der Familie der Freiherren von Fürstenberg das Schloß Liedberg käuflich erworben, weil er sich seit frühester Jugend für alte Burgen und Schlösser interessiert hat. Diese Liebhaberei geht offenbar auf ein altes Erbe zurück, denn Gottfried Fix kann seine Abstammung bis zu den Herren von Eller zurückverfolgen, die im 15. Jahrhundert die Wasserburg Eller in Düsseldorf an den Ritter Adolf Quade verkauft haben.

Der heutige Nachfahr der einstigen Ellerer Burgherren aus dem Mittelalter ist ein fröhlicher Bastler, der mit Zähigkeit und Humor dem Verfall des Schlosses Liedberg entgegenarbeitet. Es ist eine Sisyphusarbeit. Nur das ehemalige Herrenhaus ist bei bescheidenen Ansprüchen bewohnbar, während im übrigen Teil des Schloßhofes nur Reste verfallenden Gemäuers zu sehen sind. Gerade ist Gottfried Fix dabei, ein kleines Toilettenhaus zu bauen. Er verweist nicht ohne Stolz auf ausgebesserte Stellen in der noch gut erhaltenen Ringmauer. Das sind Zeichen seiner Arbeit, die von unverwüstlichem Optimismus getragen ist und vom Förderkreis Schloß Liedberg unterstützt wird. Das Schloß, das man eher als malerische Ruine bezeichnen möchte, soll erhalten bleiben.

Empfehlenswert und jederzeit möglich ist ein Spaziergang rund um den Burgberg durch dichtes Gehölz. Wenn das Laub grünt, kann man die Ringmauer hoch oben nur ahnen, so dicht sind Bäume und Sträucher zusammengewachsen. Der Spaziergänger sucht den Eingang eines Burgverlieses und findet – ein Grab. Der Grabstein trägt die Namen von drei jungen St.-Georgs-Pfadfindern aus Düsseldorf, die hier vor einem halben Jahrhundert, nach einer Sonnenwendfeier am 22. Juni 1930, tödlich verunglückt sind.

Sehnsucht nach alter Burgromantik und jugendlicher Leichtsinn wurden den jungen Menschen zum Verhängnis. Der Berg ist von unterirdischen, nicht ausgemauerten Gängen durchzogen, und der Eingang am Fuße des Berges war nur durch Stacheldraht gesichert. Die drei Pfadfinder stiegen in das unterirdische Labyrinth ein. Nur einer von ihnen konnte später tot geborgen werden, während die beiden anderen unauffindbar blieben. Jetzt ist der Eingang zugemauert, und davor steht der Grabstein mit der Inschrift: „Drunten ist Frieden, im stillen Haus, dort ruhen die Wanderer, dort ruhen sie aus..."

Burg Linn heute: die Idee eines Oberbürgermeisters

Der Aufstieg im Gehäuse des Bergfrieds gleicht einer Wanderung durchs finstere Mittelalter mit einem jähen Finale in der Gegenwart. Eben noch war der Blick gefangen in dunklen Gewölben, versuchte vergeblich die grausliche Finsternis des in der Tiefe befindlichen Burgverlieses zu durchdringen und kann nun plötzlich, nachdem die oberste Plattform erreicht ist, in die Ferne schweifen. Wir erspähen keinen gegen die Burg anrennenden Feind, dafür aber das Panorama der Stadt Krefeld von heute: das sich im Dunst verlierende Häusermeer, Türme, Montagehallen, qualmende Fabrikschlote, eine Bahnlinie mit vielen Verzweigungen, eine Autobahn.

Burg Linn, deren hochsten Punkt wir erklommen haben, ist zwar von einem schmalen Grüngürtel und einem Burggraben umgeben, auf dem sich Schwäne und Enten tummeln, hat aber doch unmittelbar Tuchfühlung mit der Stadt. Die Situation ist ungewöhnlich. Wo gibt es in unserer Gegend etwas Vergleichbares? Burgruinen pflegen sonst immer an romantischen Flußtälern oder in sonstigen abseitigen Gefilden zu liegen. Diese hier aber, Burg Linn, ist völlig aus der Art geschlagen oder vielmehr von der wuchernden Großstadt umzingelt worden, denn die Wasserburg Linn, einst Sitz eines Edelherrengeschlechts, dessen Herrschaftsgebiet heute niemand mehr genau abzugrenzen weiß, behauptet ihren Platz seit dem 12. Jahrhundert. Die kleinen reizvollen Häuschen des Ortes Linn, längst ein Ortsteil von Krefeld, ducken sich noch heute neben ihr, als suchten sie ihren ritterlichen Schutz.

Doch die Burg benötigt heute selbst einen Schutzherrn, der sie vor weiterem Verfall bewahrt und mit nicht geringen Mitteln als begehbare Ruine für den Fremdenverkehr sozusagen betriebsfähig erhält. Das ist seit 1926 die Stadt Krefeld, deren tüchtiger Oberbürgermeister Johansen offenbar die große Chance erkannte, die sich seiner Stadt hier bot. Heute ist die Burg das Kernstück eines ganzen Museumsviertels. Dazu gehören das Jagdschloß von 1740 in der Vorburg und in unmittelbarer Nachbarschaft das Niederrhein-Museum mit seinen bedeutenden Sammlungen zur Vor- und Frühgeschichte, Burg-, Stadt- und Landesgeschichte und sämtlichen Funden aus dem römisch-fränkischen Gräberfeld Gellep im heutigen Krefelder Hafengebiet. Am Andreasmarkt, nur einen Steinwurf von der Burg entfernt, befindet sich das Textilmuseum, eine weitere, für die Seidenstadt Krefeld typische Attraktion.

Oberbürgermeister Johansens gute Idee hat also Krefeld zu einem ungewöhnlichen Museumszentrum verholfen. Heute müssen hier zuweilen riesige Besucherströme bewältigt werden. Allein an den Wochentagen – um von sonntäglichen Besuchermassen ganz zu schweigen – ist die Burg zuweilen von 40 bis 50 Omnibussen mit Schulklassen umlagert. Wo gibt es ein Heimatmuseum mit ähnlich großem Zuspruch?

Burg Linn ist ein Lehrbeispiel im doppelten Sinn. Sie bietet dem Laien vorzüglichen Anschauungsunterricht über die Entwicklungsgeschichte rheinischer Wasserburgen vom 12. bis zum 17. Jahrhundert und zeigt gleichzeitig dem Fachmann, dem Pädagogen und Archäologen, wie der Entwicklungsprozeß eines solchen Bauwerks für die breite Öffentlichkeit in populärer Form dargestellt wird. Das ist in erster Linie ein Verdienst des 1958 verstorbenen großen Forschers niederrheinischer Frühgeschichte, Professor Albert Steeger, der, wie Zeitgenossen berichten, wie kein anderer amüsant, kenntnisreich und fesselnd für jedermann über Burg Linn plaudern konnte. Unter seiner Leitung haben Archäologen seit 1926 durch Bauuntersuchungen und Grabungen dem alten Gemäuer manches Geheimnis entlocken können, so daß heute die Baugeschichte lückenlos vorliegt. Ihre Phasen sind im Torturm zeichnerisch dargestellt, und der wackere Paul Abt, der an schönen Tagen fast ununterbrochen Schulklassen durch den Bau schleust, hat keine Mühe, seinen Zuhörern die Entwicklung plausibel vor Augen zu führen.

Die Burg ist um 1200 auf einem künstlich aufgeworfenen Hügel, einer sogenannten „Motte", erbaut worden und bestand zunächst nur aus einem romanischen Wohnturm, dessen Grundmauern erst vor wenigen Jahrzehnten im Burghof entdeckt wurden. Ein Stück davon ist in einem tiefen, durch Gitter abgedeckten Schacht zu sehen. In frühgotischer Zeit, um 1300, wurde der aus Tuff und Rheinkieseln aufgeführte Turm mit einer Ringmauer aus Ziegelsteinen umgeben, die einen Wehrgang mit breiten Armbrustschießscharten hatte. In hochgotischer Zeit erfolgte der Ausbau der Ringmauer zu einer sechsflügligen zweigeschossigen Wohnburg. Der alte Wohnturm im Burghof wurde beseitigt. Der gotische Baumeister mauerte Schießscharten und Sehschlitze in dem alten Mauerring zu und gründete darauf die Mauern der

neuen Wohnräume. Die ursprüngliche Befestigung diente nun als Außenmauer der Wohnbauten.

Um dem Feind das Erstürmen der Burg zu erschweren, erwies sich eine neue Ringmauer als notwendig. Nach der Form ihrer Bastionen und Schießscharten dürfte sie um etwa 1475 entstanden sein. Um 1600 faßte man Burg und Stadt Linn durch einen Erdwall mit fünf Bastionen und breiten Gräben zu einer einheitlichen Festungsanlage zusammen.

Über Leben und Treiben auf der Burg in den ersten Jahrhunderten gibt es wenig verläßliche Nachrichten. Einen großen mittelalterlichen Hof mit Ritterturnieren, Minnesang und Falkenjagd dürfte es nach Meinung der Forscher auf alle Fälle zur Zeit der schönen Gräfin Mechthild von Kleve in der zweiten Hälfte des 14. Jahrhunderts gegeben haben. Mechthild erhielt Linn 1368 nach dem Tode ihres Mannes als Witwensitz. Sie starb 1383. Linn wurde kurkölnisch, und während Mechthilds Ära durch das wüste Treiben ihres gewalttätigen und räuberischen Amtmanns mit dem fürchterlich klingenden Namen Ritter von Strünkede überschattet gewesen war, begann nun ein Zeitabschnitt straffer Administration, sozusagen Ritterromantik mit Hausordnung und Zeitplan.

So hatte der Burgverwalter nach Weisung seiner kölnischen Zentrale die Burg mit zwölf gewappneten Männern

Die Vorburg von Linn. Rechts die Burg und links das Jagdschloß, das sich der Kölner Kurfürst Clemens August um 1740 errichten ließ.

Blick durch den Torturm auf die Hauptburg. In der Mitte der Bergfried mit der Aussichtsplattform.

und 16 Pferden zu besetzen. Außerdem mußten zwei Turmknechte, zwei Pförtner, drei Wächter auf der Burg, zwei in der Vorburg, zwei Knechte in der Küche, zwei im Back- und Brauhause, ein Küfer für den Keller und eine Magd in der Burg beschäftigt werden. Diesen beträchtlichen Hofstaat benötigten die Kölner Kurfürsten, wenn sie gelegentlich für kurze Zeit nach Linn kamen, um mit ihren Gästen im Bockumer Busch und in der Elt zu jagen. Nach einer Burgordnung aus dem Jahre 1500 durfte das Burgtor morgens nicht aufgemacht werden, bevor der Feldwächter das Gelände sorgfältig besichtigt hatte, um etwaige im Gebüsch versteckte Feinde auszuspähen. Im Winter wurde das Tor um sechs Uhr, im Sommer um acht Uhr geschlossen.

Im ehemaligen Jagdschloß von Clemens August werden als Ergänzung zu den mittelalterlichen Wohnräumen der Burg Wohnzimmereinrichtungen aus dem 18. und 19. Jahrhundert gezeigt.

Natürlich hat die Burggeschichte auch kriegerische Ereignisse aufzuweisen. Im 14. Jahrhundert, als der barbarische Ritter Strünkede und seine schöne Herrin Mechthild in der Burg bezwungen werden sollten, mußte der ganze sogenannte Landbund, bestehend aus der Streitmacht des Grafen von Kleve, des Kurfürsten von Köln, der Herzöge von Jülich und Brabant sowie der Städte Köln und Aachen aufgeboten werden. Viel Pulverdampf und Feuer gab es im Dreißigjährigen Krieg, und im Spanischen Erbfolgekrieg schließlich wurde die Burg 1702 in Brand geschossen. 1704 gingen weitere Teile in Flammen auf. Spätere Versuche, das Gemäuer wieder bewohnbar zu machen, scheiterten schon in den Anfängen. 1740 war der Kölner Kurfürst Clemens August der wiederholten Wiederaufbauversuche leid und ließ sich in der Vorburg für seine gelegentlichen Jagdaufenthalte ein Jagdschloß erbauen. Das war ein Glücksfall für das Krefelder Museumszentrum von heute, denn das Jagdschloß bietet dem Besucher, der in der Burg Wohnräume aus den Jahrhunderten von der Gotik bis zum Barock gesehen hat, nun auch Gelegenheit, in unmittelbarer Nachbarschaft die Wohnkultur des 18. und 19. Jahrhunderts kennenzulernen.

Nach Fertigstellung des Jagdschlosses versank die Burg in tiefen Dornröschenschlaf, denn sie wurde ja nicht mehr benötigt. Das allmählich zerbröckelnde Gemäuer verwandelte sich in eine von Efeu und Wildwuchs umgrünte Ruine. Bei der Einziehung geistlicher Güter in der napoleonischen Zeit kam die Burg durch Kauf in den Besitz der Krefelder Kaufmannsfamilie de Greiff, die sich glücklicherweise nicht dazu verleiten ließ, die Ruine nach dem romantisierenden Geschmack des 19. Jahrhunderts als Touristenattraktion und Kulisse vaterländischer Treue-Bekenntnisse wieder aufzubauen, wie das mancher anderen Burg widerfahren ist.

So hat sich der fast zweihundertjährige Dornröschenschlaf der Burg am Ende als großer Vorteil erwiesen. Nachdem die Stadt Krefeld 1926 die Ruine erworben hatte, gingen Baufachleute und Denkmalpfleger in glücklichem Zusammenwirken daran, dem weiteren Verfall Einhalt zu gebieten. Man sicherte die noch vorhandenen Gewölbe und schloß die äußere Umfassungsmauer wieder. Auf den alten Pfeilern entstand eine neue Holzbrücke, so daß man jetzt wieder wie in alten Zeiten von der Vor- in die Hochburg gelangen kann.

Die Sicherung der noch im Mauerwerk vorhandenen drei Burgflügel – der sechsseitige Burghof war einst von sechs zweigeschossigen Flügeln eingefaßt gewesen, von denen drei bis auf Fundamente der Innen- und Zwischenmauern zerstört sind – gab besondere Probleme auf. Hier mußten vorhandene Reste mit viel Einfühlung ergänzt werden. Die Burgflügel konnten auf Dauer nur erhalten bleiben, wenn

Das Innere des Torturms mit dem Torzwinger bildet ein düsteres Foyer für die alte, trutzige Burganlage.

Blick in den Burghof mit der Ringmauer und einigen der sechs Rundtürme in den Ecken des Burgsechsecks.

man sie mit Dächern versah und Decken einzog. Es mußte also „nachgebaut" werden, aber das geschah mit vorbildlicher Akribie nach modernen denkmalpflegerischen Prinzipien. Albert Steeger, der das Restaurierungswerk leitete und dessen guter Geist heute noch immer im Museumszentrum lebendig ist, erklärte in einer Baubeschreibung: „Es wurde nur ergänzt, was im Interesse der Erhaltung des Bauwerks nötig war und was der Form und dem Material nach sicher festlag." – So können die Besucher heute wieder durch den Torflügel, den Rittersaalflügel und den Wirtschafts- und Wohnflügel wandern und sich in den rekonstruierten Räumen ein Bild davon machen, wie die Menschen einst auf Burg Linn gelebt haben.

Als Abschluß des Besuchs auf Burg Linn bietet sich ein Spaziergang durch den idyllischen Greiffenhorst-Park am Mühlbach entlang zum eineinhalb Kilometer entfernten Haus Greiffenhorst an. Dieses ungewöhnliche Bauwerk, das sich der Samt- und Seidenfabrikant de Greiff auf Grund einer Skizze von Adolph von Vagedes im 19. Jahrhundert als Sommersitz und Jagdschloß errichten ließ, bildet einen interessanten Sonderfall klassizistischer Architektur. Es besteht aus einem vierflügeligen, zweistöckigen Sockel mit einem einstöckigen, achteckigen Turmaufbau in der Mitte. Die Profilierung des Bauwerks, das auf der Höhe des Sockels und als Abschluß des flachen Turmdaches umlaufende Gitterwerk sowie die vollendete Harmonisierung der Linien von Sockel und Turmaufbau ergeben trotz der unkonventionellen, rotundenartigen Form des Ganzen einen Eindruck von vollendeter Ausgewogenheit. Dieses Haus steht wie eine Plastik in der Parklandschaft. Man kann es mit ein paar Schritten umgehen und sich daran ergötzen, daß es von jeder Position aus den fast gleichen Anblick bietet.

1926 erwarb die Stadt Krefeld Greiffenhorst und richtete darin ein Café ein. Im Zweiten Weltkrieg brannte das Haus völlig aus, doch es wurde in den siebziger Jahren wiederhergestellt. Jetzt finden hier von Zeit zu Zeit Veranstaltungen des städtischen Kulturprogramms statt.

Wie ein bunter Farbtupfen im idyllischen Mühlbachtal wirkt Haus Greiffenhorst mit seiner eigenartigen Architektur.

Linnep – Schloßidylle am Autobahnkreuz

Schloß Linnep liegt dicht neben der Einflugschneise nach Lohausen, und der Westwind trägt den Fahrlärm vom Autobahnkreuz Breitscheid herüber. Dennoch kann man noch immer den Spuren des Dichters Herbert Eulenberg folgen, der vor sechzig Jahren im „Wanderbuch rund um Düsseldorf" eine Wanderung vom Bahnhof Hösel nach Schloß Linnep so beschrieben hat: „Von dem alten Bau ist nur noch der runde Turm erhalten mit spitzem Dach und einer schmalen Wetterfahne drauf. Vor dem Vorbau, der das Herrenhaus umschließt, steht eine schöne alte Pappel. Wir treten kurz in den Torweg des Vorbaues, denn eine nähere Besichtigung des Schlosses ist untersagt, und betrachten die breite, mächtig ausladende majestätische Freitreppe, die zum Schlosse führt. Hinter dem Schloß liegt noch ein großer, von Buchen eingefaßter Teich."

Heute, sechzig Jahre später, darf man zu festgesetzten Zeiten (montags bis freitags von 9 bis 15 Uhr) das Schloß durchaus betreten, nämlich als Besucher des Archivs des Kreises Mettmann. Wahrscheinlich gibt es kein zweites öffentliches Archiv, das auf so romantische, ja zauberhafte Weise untergebracht ist. Man schreitet durch den Torbogen der Vorburg, blickt auf die mit wildem Wein bewachsene Schloßfassade, über der genau in der Mitte der dicke Turm wie ein riesiger Zuckerhut thront, und stellt dann zunächst einmal fest, daß Herbert Eulenberg, der ja nur einen flüchtigen Blick in den Schloßhof werfen durfte, etwas übersehen hat: Das Schloß ist wie eine alte Wasserburg von Wasser rings umgeben. Es liegt nicht nur ein großer Teich hinter dem Schloß, sondern es führt auch ein Wasserarm unter der majestätisch wirkenden Freitreppe mit dem kunstvoll geschwungenen Geländer hindurch.

Der Archivbesucher geht nicht über die Freitreppe ins Herrenhaus, sondern hält sich rechts und gelangt über anmutige Garten- und Wiesenpfade von der Seite her in das Schloß. Das Kreisarchiv liegt dicht neben dem dicken Turm, der wahrscheinlich noch aus der Zeit der Herren von Linnepe stammt, die als Burgherren im 11. Jahrhundert genannt werden und mehrere Jahrhunderte hindurch hier gesessen haben. In dieser Familie gab es, wie es in einem vom Bergischen Geschichtsverein 1920 veröffentlichten Artikel heißt, viele Vertreter geistlichen Standes, aber auch der wüstesten Wegelagerei. Ein Herbert von Linnep, der als Kölner Domherr acht Häuser vor dem Dom besaß, schenkte diese Häuser zum „Seelenheil seiner Eltern" im Jahre 1216 dem Kölner Domstift. Andere Vertreter des Geschlechts waren in Mordtaten und Räubereien verwickelt. Laut einer Urkunde aus dem Jahr 1387 verzichtete Johann zu Lynepe auf eine Erbschaft, weil er sich seiner Verwandten schämte. Ihm sollte nach dem Tode seiner Schwäger Philipp und Friedrich von Helpenstein die Herrlichkeit Helpenstein bei Neuss zufallen. Doch er lehnte für sich, seine Gattin und seine Kinder ab, das Erbe anzutreten, weil der Schwager Friedrich seinen Bruder Philipp ermordet hatte. Schon den Eltern und anderen Verwandten der beiden Helpensteiner waren „viele Gewalttaten, Missetaten und Wortbrüche" zu Last gelegt worden. Es war die Zeit des Faustrechts. Der Straßenraub wurde als aristokratisches Monopol angesehen. Tiefe Frömmigkeit, Mordlust und Raufgier schlossen einander nicht aus.

Der letzte Herr von Linnep verkaufte die Burg 1458 an den Grafen von Neuenahr, und seitdem wechselten die Eigentümer in rascher Folge. 1732 soll das Anwesen so baufällig gewesen sein, daß „der gänzliche Zerfall täglich zu erwarten stand". 1769 wurde der Neubau eingeweiht, der die Burg in ein Schloß verwandelte, wie es sich noch heute darbietet: dreistöckig mit breitem Mittelrisalit und abgewalmtem Dach und der großen, zum Hauptportal führenden Freitreppe mit 15 steinernen Stufen.

Doch auch nach Fertigstellung dieses anspruchsvollen Neubaues ging das Wechselspiel der Eigentümer munter weiter. Um 1800 residierte auf dem Schloß eine Familie Katz, die von einer Familie Brügelmann, die die Baumwollspinnerei Cromford in Ratingen gegründet hatte, abgelöst wurde. Die Brügelmanns vererbten den Besitz an ihren Schwiegersohn, Baron von Aowstin, von dem es 1855 der Reichsgraf Ferdinand von Spee kaufte, ein Bruder des Besitzers von Heltorf. Ferdinand von Spee begründete die Linneper Linie der Spees. Er vergrößerte das Schloß durch einen Seitentrakt, baute die Gutswirtschaft aus und vermehrte den Grundbesitz. Dadurch entstand eine tragfähige wirtschaftliche Grundlage. Noch heute ist das Schloß Eigentum der Spees. Schloßherr ist jetzt Clemens Graf von Spee, Diplomlandwirt, Vater von vier Töchtern und als aktiver Kommunalpolitiker Mitglied des Kreistages.

Das Herrenhaus erscheint dem Besucher als nüchternes Gutsgebäude. Die Stufen der Freitreppe sind abgebröckelt.

Wie ein riesiger Zuckerhut ragt der dicke Turm über der Fassade von Schloß Linnep empor. Er stammt wahrscheinlich aus dem 11. Jahrhundert und bildet den ältesten Teil des Baues.

Von der Rückseite betrachtet, scheint das Schloß wie eine Gralsburg aus dem Teich emporzuwachsen. Die romantische Illusion wird allerdings durch die nüchterne Fassadengestaltung gestört.

Sie werden offenbar für große repräsentative Anlässe nicht mehr benötigt. Wenn man außen auf schmalem Pfad am Wasser entlangwandert und durchs Unterholz die Seitenfront des Gebäudes betrachtet, dann zeigt sich, daß hier mehrere Generationen Verschönerungsversuche mit Giebelchen, Türmchen und unmotivierten Schnörkeln unternommen haben, die ein undeutliches Stilgemisch ergaben.

Doch wenn man den Pfad durchs Gebüsch zwischen Weide und Wasser weiterverfolgt und gegen die Sonne einen Blick zurückwirft, dann scheint das Schloß mit seiner halb abgebrochenen hohen Ringmauer noch immer wie eine Gralsburg aus dem Wasser zu ragen. Am Rande des Teichs liegt ein Kahn vertäut. Romantische Teichpartien sind jedoch der Schloßherrschaft vorbehalten. Dennoch ist ein Spaziergang durch diese Waldidylle sehr zu empfehlen. Wenn gerade keine Maschine nach Lohausen einfliegt, könnte man sich der Illusion hingeben, irgendwo in tiefer Waldeinsamkeit zu sein, weitab von Ballungsräumen und Verkehrsknotenpunkten. Am Ende des Schloßteichs stößt man auf den kleinen evangelischen Friedhof von Linnep, auf dem Angehörige der Industriellenfamilien Klöckner und Henkel und der 1960 jung verstorbene Dichter Wolf von Niebelschütz begraben sind.

Wenn man zurückwandert, sucht man vor dem Torbogen der Vorburg vergeblich nach der Gastwirtschaft mit hübschen Sitzen im Freien unter Lauben, die Herbert Eulenberg in seinem Wanderbuch so liebenswürdig beschrieben hat. Zwar steht noch das kleine Fachwerkhaus, in dem die Gastwirtschaft untergebracht war. Es dient jetzt einem zeitgemäßen Zweck als Büro und Anmeldung für die anschließend entstandene Reitschule mit Pensionsstall. Sie gehört der Schloßherrschaft, ist aber verpachtet.

Die alte, aus dem 17. Jahrhundert stammende Kirche gibt es noch. Sie hat eine kleine Geschichte. Der Schloßherr von 1680, ein Freiherr Vincenz Schott von Isselstein, der der reformierten Konfession angehörte, ließ in seiner Schloßkapelle regelmäßig Gottesdienste abhalten, zu denen die

Burgidylle gleich neben dem Autobahnkreuz Breitscheid. Blick auf die Wohnflügel von Schloß Linnep.

Der Schloßweiher könnte den Besucher zu stimmungsvollen Kahnpartien animieren.

Der dicke Turm, in dem die Schloßkapelle untergebracht ist, in seiner ganzen Größe. Rechts befindet sich das Archiv der Kreisverwaltung Mettmann.

Reformierten der umliegenden Ortschaften wie Mintard und Linnepdorf (Lintorf) Zutritt hatten. Als die Schloßkapelle die immer zahlreicher werdenden Besucher nicht mehr fassen konnte, schenkte der Freiherr 1683 der Gemeinde einen Bauplatz vor dem Schloß, auf dem nach Überwindung vieler Schwierigkeiten die Kirche gebaut wurde. So entstand die spätere evangelische Gemeinde Linnep-Breitscheid. Der von Eulenberg noch warm empfohlene, an der Kirche beginnende Fußpfad zum Krummenweg ist heute für „Unbefugte" verboten. Er führt geradewegs in die Reitbahn der Reitschule.

Zu Eulenbergs Zeiten hat es auch eine andere Einrichtung noch nicht gegeben, die vom Kreis Mettmann nachdrücklich gefördert wird. In den Räumen des Kreisarchivs im Seitentrakt des Schlosses entsteht die Bergische Bibliographie, die alle Veröffentlichungen über Landschaft, Industrie, Bevölkerung, Persönlichkeiten, Wirtschaft, Handelsbeziehungen usw. des Bergischen Landes enthalten soll. Seit 1967 hat der aus Neuss stammende Wissenschaftler Dr. J. Holthausen im Auftrag des Kreises die in Frage kommenden Buchtitel auf Rundreisen durch Archive, Büchereien und Hochschulen gesammelt und auf vielen Karteikarten festgehalten. Ein erster Band der ursprünglich auf sechs Bände geplanten Bibliographie ist erschienen. Doch der emsige Wissenschaftler Holthausen hat längst das Pensionsalter erreicht. Der Kreis Mettmann will das Werk dennnoch mit Unterstützung des Landschaftsverbandes, des Bergischen Geschichtsvereins und der kommunalen Arbeitsgemeinschaft Bergischer Städte weiterführen.

Durch Holthausens Tätigkeit entstand im Archiv aus Schenkungen, Nachlässen und Einzelkäufen eine aus mehr als tausend Bänden bestehende Bergische Bibliothek – der respektable Grundstock für eine Fachbücherei. Die Bücher sind zusammen mit den Beständen des Kreisarchivs der Öffentlichkeit zugänglich. Hier wird jedem Besucher sachverständiger Rat zuteil. Allein die Kirchenbücher des Kreisgebietes aus dem 17. bis 19. Jahrhundert sind eine Fundgrube von unschätzbarem Wert.

Die Kreisverwaltung Mettmann ließ die Öffentlichkeit zur Mithilfe beim Ausbau der Bergischen Bibliothek aufrufen. Manches wertvolle Buch oder Schriftstück über die Region mag noch unbeachtet und vergessen auf Speichern oder in Kellern liegen. Die Besitzer sollten solche Schätze, deren Bedeutung für die Allgemeinheit ihnen meist nicht bewußt ist, ins Schloß Linnep bringen und damit zur Vollendung eines wichtigen Geschichtswerkes beitragen. Eine Journalistin kommentierte die Aufforderung der Kreisverwaltung: „So abgelegen ist Schloß Linnep nicht – nur einen Katzensprung vom Autobahnkreuz Breitscheid."

Schloß Rheydt – von der Raubritterburg zum preisgekrönten Museum

Seine Lage ist stadtnah, aber doch auf zauberhafte Weise versteckt und abgeschieden inmitten einer weiten, vorwiegend von Pappeln beherrschten Bruchlandschaft. Bis zum letzten erlösenden Augenblick, bis er um die Ecke biegt und den Schloßgraben überquert, weiß der unkundige Besucher nur dank aufmerksamer Beachtung der Wegweiser, daß er sich Schloß Rheydt nähert. Dann aber, nachdem er zwei mächtige Portale durchschritten hat, die zur Torburg und zur Vorburg gehören, steht er vor dem fast zierlich anmutenden Renaissanceschloß, das man eher ein Schlößchen nennen möchte, so intim wirkt sein grüner Rahmen, so ausgewogen sind seine Proportionen, und so reizvoll im Detail sind seine für die Renaissance typischen Schmuckformen der Fassaden – toskanische Säulen, Pilaster, kunstvoll gegliederte Felder, Masken und beschlagartige Verzierungen.

Schloß Rheydt – seit der kommunalen Neugliederung 1975 wieder zu Mönchengladbach gehörend – hat zuletzt 1978 international von sich reden gemacht, als es in einem unter der Schirmherrschaft des Europarates veranstalteten Wettbewerb den Preis als „Europäisches Museum des Jahres" zuerkannt bekam, weil es konsequent vom herkömmlichen Museumskonzept abweicht. In der Tat gibt es wenige Museen, die auf verhältnismäßig eng umgrenztem Raum einen so kontinuierlichen Überblick der Entwicklung eines Landschaftsgebietes über einen großen Zeitraum hinweg vermitteln wie Schloß Rheydt.

Im Herrenhaus, dem eigentlichen Schloß, werden Kunst und Kunstgewerbe der Renaissance und des Barock dargestellt, um, wie die langjährige und verdienstvolle Museumsleiterin Eva Brües betont, auf diese Weise eine Einheit zu schaffen zwischen dem Bau und seinem Inhalt. Dazu gehören beispielsweise Waffen, Gemälde, Gobelins, Gläser, Steinzeug und Möbel, Gold- und Silbermünzen, die an eine charakteristische Sammelleidenschaft der Renaissance erinnern, und eine Bibliothek mit Ausstellungsstücken aus dem späten 15., dem 16. und 17. Jahrhundert. Hier kann man die Schedelsche Weltchronik in ihrer ersten lateinischen Ausgabe von 1493 bewundern oder das für die Düsseldorfer Stadtgeschichte so wichtige Buch von Diederich Graminaeus mit der Beschreibung der prunkvollen Fürstenhochzeit 1585 am Düsseldorfer Hof. Die Braut dieser Hochzeit, die Markgräfin Jakobe von Baden, wurde zwölf Jahre später im Düsseldorfer Schloß ermordet. Dem Werk des bergischen Landschreibers Graminaeus, 1587 in Köln erschienen und mit zahlreichen Kupferstichen illustriert, verdankt Düsseldorf seine ältesten Stadtansichten, auch die ersten Darstellungen aus der Innenstadt, von Marktplatz und Rathaus.

Diese Schätze herrschaftlicher Kultur aus Renaissance und

Barock hätten freilich nicht genügt, den Ruf des Museums über Landesgrenzen hinweg zu begründen. Die Chance, den Rahmen eines traditionellen Schloßmuseums zu sprengen, bot sich durch die Vorburg, in der 1977 eine Museumsabteilung eröffnet wurde, die der Herrschaftskultur im Schloßbau eine vorgeschichtliche und historische Dokumentation der gesamten Umgebung sowie einen Überblick über die Entwicklung der heimischen Weberei fast bis in die Gegenwart gegenüberstellte. Dadurch weitet sich der Blick des Besuchers. Er sieht die Schätze der Renaissance- und Barockzeit nicht mehr isoliert für sich allein, sondern im Zusammenhang geschichtlicher Entwicklungen, und es bleibt jedem überlassen, aus der Fülle des gebotenen Ausstellungsgutes persönliche Schwerpunkte auszuwählen.

Die räumliche Situation kommt diesem Konzept entgegen. Die Räume der Vorburg liegen zum Teil neben dem Haupteingang zum Schloß zu ebener Erde und sind durch ein großes verglastes ehemaliges Scheunentor zum Innenhof geöffnet. Das ist nicht nur ein hübscher architektonischer Einfall, sondern auch ein Angebot an Besucher, die der Schau im Herrenhaus zustreben oder nur einen Spaziergang im Park machen wollen, wenigstens im Vorübergehen einen Blick auf die in der Vorburg gezeigten Dinge zu werfen und sich vielleicht zur näheren Betrachtung anregen zu lassen. Es lohnt sich, dieser Anregung nachzugehen, denn die Präsentation des Materials zur Ur- und Frühgeschichte, zur Römerzeit, zur nachrömischen Zeit und zur Stadtgeschichte von Rheydt und Mönchengladbach ist in seiner Auswahl, Gruppierung und Erläuterung durch Beschriftung und Tonbildschau beispielhaft für moderne Museumsarbeit. Wechselnde Sonderausstellungen sind eine zusätzliche Bereicherung.

Eine museale Attraktion stellt die Webereiabteilung mit ihren Handwebstühlen und Textilmaschinen nebst Zubehör nicht nur für das technische und wirtschaftshistorisch interessierte Publikum dar – denn hier ist der Besucher nicht nur aufs Betrachten und gedankliche Kombinieren angewiesen –, sondern darf sich – zu bestimmten Zeiten – auch mal selbst an

Wie eine verwunschene Insel liegt Schloß Rheydt von Wasser umgeben in der Bruchlandschaft. Blick auf die Torburg.

Schloß Rheydt ist ein Bau der Renaissance, doch wurden ältere Gebäudeteile mit einbezogen. Der halbrunde Turm an der Nordseite wird als ältester Teil der zweiten Hälfte des 14. Jahrhunderts zugeschrieben.

einen Webstuhl setzen und seine Geschicklichkeit erproben oder doch zumindest zusehen, wie Fachkräfte an diesen Geräten arbeiten.

Flachsanbau und Weberei haben in dieser Gegend alte Tradition. Schon im 16. Jahrhundert mußten die Bauern den immer sehr einnahmefreudigen Rheydter Schloßherren unter anderen Naturalien stets größere Mengen Flachs abliefern. Aus der häuslichen Handweberei entwickelte sich im 19. Jahrhundert die Textilindustrie. Die Schau in der Vorburg beleuchtet nicht nur die technischen, sondern auch die sozialen Aspekte dieser Entwicklung. Sie zeigt beispielsweise das Zimmer eines Webereiverlegers der Biedermeierzeit, bei dem der unter ärmlichen Verhältnissen hausende Weber das Rohmaterial abzuholen und nach der Bearbeitung wieder abzuliefern hatte. Tabellen und Listen an den Wänden geben Hinweise auf Produktion, Ertrag und Löhne.

Die besondere Betonung der Webereiabteilung liegt indessen auf Geräten und Maschinen, und Besucher, die nach einer umfassenden Schau von Webereierzeugnissen fragen, werden auf das 25 Kilometer entfernte Textilmuseum in Krefeld verwiesen. Das ist keine Einschränkung, sondern eher ein Hinweis auf vernünftige gegenseitige Abstimmung und Zusammenarbeit niederrheinischer Museen. Krefeld besitzt nach dem Londoner Victoria-und-Albert-Museum die größte europäische Gewebesammlung mit den dazugehörigen Restaurationseinrichtungen und hat dafür jetzt ein eigenes Gebäude im Kulturzentrum Krefeld-Linn errichtet. Es wäre töricht gewesen, hätte Rheydt versucht, ohne Kontakt mit dem Nachbarn und dessen bedeutenden Aktivitäten eine eigene Gewebeabteilung aufzubauen.

Die Stärke von Rheydt oder – wie es nach der kommunalen Neuordnung 1975 offiziell heißt – des Städtischen Museums von Mönchengladbach ist die für jeden Besucher deutlich werdende Verklammerung geschichtlicher Epochen. Es sind nur ein paar Schritte vom hölzernen Handwebstuhl und der noch bis 1950 in Gebrauch gewesenen Webereimaschine bis zu den Zeugen aus der Glanzzeit des Renaissanceschlosses.

Blick auf die Hofseite des Schlosses mit dem Arkadengang, den der Pfau mit seinem prächtigen Rad halb verdeckt. Darüber die Medaillons mit den plastischen Köpfen antiker Helden – ein Schmuck zu Ehren des Renaissance-Bauherren Otto von Bylandt.

Der Arkadengang mit dem kunstvollen Kreuzrippengewölbe. Er führt zum Eingang ins Schloß über eine nachträglich eingebaute Treppe, die die mittelalterliche Wendeltreppe ersetzte.

Der rechteckige Vorbau zur Eingangsseite des Schlosses. Toskanische Säulenvorlagen auf Sockeln rahmen die übergiebelten Fenster. Die Dekoration blieb im Obergeschoß unvollendet – war dem Bauherrn das Geld ausgegangen?

Im Arkadenhof kann man vom grünen Rasen aus an der Hofseite des hervorragend gepflegten Gebäudes den Feinheiten dieses am Niederrhein einzigartigen Bauwerks nachspüren und zum Beispiel mit einiger Mühe die hoch an der Fassade über den Arkaden angebrachten Schrifttafeln studieren, die die Bedeutung der in kunstvolle Medaillons eingefaßten vier plastischen Köpfe antiker Helden erläutern. In je einer Schrifttafel darüber wird mit lateinischer Inschrift das Schicksal der Helden beschrieben, während die darunter befindlichen Tafeln in deutscher Sprache gewissermaßen die moralischen Schlußfolgerungen aus dem jeweiligen Heldenleben ziehen. So heißt es auf einer Tafel: „Ich acht nit, daß der geleft hat, welcher nit seines Lebens namhaftiges Zeugnis nach sich gelassen hat."

Markige Sprüche dieser Art sollten vermutlich dem Ruhm des Bauherrn dienen. Bauherr des Renaissanceschlosses war um 1560 Otto von Bylandt gewesen, diplomatischer Berater von Herzog Wilhelm dem Reichen, dessen großartiges Grabmal in der Düsseldorfer Lambertuskirche steht. Dienstherr und Berater beschäftigten denselben Architekten: Alessandro Pasqualini, der 1527 von Rom ausgewandert und längere Zeit in den Niederlanden tätig gewesen war. Wilhelm der Reiche, Oberhaupt des Herzogtums Jülich-Kleve-Berg, ließ von Pasqualini in Düsseldorf, einer seiner Hauptstädte, in der er sich gern aufhielt, die ursprüngliche Burg zu einem stattlichen Renaissancebau umgestalten, einer rechteckigen Anlage mit Innenhof.

Ähnliche Pläne, wenngleich wohl mit kleinerem Volumen, verfolgte Pasqualini wahrscheinlich auch in Rheydt. Auch hier hatte eine ältere Burganlage bestanden, die sich unter der Hand des römischen Baumeisters in ein Renaissanceschloß verwandelte. Sicherlich hatte der Baumeister, der 1559 starb und seine Werke vermutlich von einem seiner Söhne fortsetzen ließ, auch für Rheydt einen Vierflügelbau geplant, denn das Terrain hat eine rechteckige Form, ist von allen vier Seiten von einem Wassergraben umgeben, aber nur an anderthalb Seiten bebaut. Vermutlich waren dem Bauherrn während des Bauens die Mittel ausgegangen.

Die Vorfahren Otto von Bylandts auf Rheydt, das seit 1345 ein Lehen von Jülich gewesen war, pflegten solcherart Mängel durch lukrative Raubzüge auszugleichen. Das war in jenen Kreisen damals üblich, denn Überfälle und Räubereien schienen den Herren die einzige Möglichkeit zu bieten, am Wohlstand des Handels in den Städten teilzuhaben. Doch die Herren von Rheydt müssen in dieser Hinsicht ungewöhnlich aktiv gewesen sein. Einer von ihnen, Gerhard II., wurde sogar 1443 wegen unablässigen Raubrittertums in Reichsacht genommen, und Johann, einer seiner Nachfolger, trieb es so stark, daß er aus der Burg fliehen mußte, weil Kölner und Lütticher Soldaten wegen seiner üblen Räubereien zu einem Rachefeldzug anrückten.

Es hat in der Geschichte des Schlosses später noch häufig Besitzerwechsel und Plünderungen gegeben. 1917 wurde die Stadt Rheydt Schloßherr. Die Bestände des Städtischen Museums, das hier 1922 eingerichtet wurde, sind inzwischen fast völlig verlorengegangen. Im Zweiten Weltkrieg hat es zeitweise eine Art Schloßherrn ehrenhalber gegeben, den damaligen Reichspropagandaminister Dr. Joseph Goebbels, der aus Rheydt stammte. Seine Heimatstadt stellte ihm das Schloß nach durchgreifender Restaurierung zur Verfügung aus Dank dafür, daß er nach der NS-Machtergreifung 1933 Rheydt wieder zur selbständigen Stadt gemacht hatte. Schon 1929 war Rheydt mit Mönchengladbach zur Stadt Gladbach-Rheydt vereinigt worden.

Vermutlich hätte Goebbels, wäre er solange unangefochten am Leben geblieben, spätestens 1975, seitdem es nur noch eine Stadt Mönchengladbach mit Einschluß von Rheydt gibt, wieder ausziehen müssen. Doch diese Episode wurde bekanntlich schon sehr viel früher beendet – und Schloß Rheydt hat sie glücklicherweise heil überstanden. Zusammen mit seinem Museum ist das Schloß heute eine Perle in der Kette niederrheinischer Sehenswürdigkeiten.

Zons: Friedestrom öffnet sich für jedermann

„Wann das Schloß endgültig zerfiel, ist nicht genau festzustellen", heißt es in der Festschrift zur 600-Jahr-Feier der Stadt Zons, die 1973 begangen wurde. Inzwischen ist die Vorburg der einstigen Burg, die einmal den hübschen Namen „Friedestrom" führte, auf wunderbare Weise zu neuem Leben erwacht. Zunächst wollten die Zonser hier ein neues Rathaus errichten. Doch diesem Plan fehlte offenbar die nötige Schubkraft, und er wurde durch die kommunale Neugliederung vollends überflüssig, weil Zons jetzt zur Stadt Dormagen gehört. In Zons genügt deshalb eine kleine Zweigstelle, die in einem dem Burggelände unmittelbar benachbarten, häßlichen Bunkerbau Unterschlupf gefunden hat. Im Herrenhaus von Friedestrom aber residiert nun schon seit einigen Jahren Museumschefin Helene Blum mit ihrem Zonser Kreismuseum und entwickelt erstaunliche Aktivität. Bitte sehr: 4000 bis 5000 Besucher pro Monat und etwa zehn Sonderausstellungen im Jahr, was man erst richtig würdigen kann, wenn man bedenkt, daß Helene Blum bei Null und aus dem absoluten Nichts heraus angefangen hat. Ein so stattliches Museum ist noch vor einem Jahrzehnt in Zons ganz und gar unbekannt gewesen.

Wer nach Zons kommt, sollte unbedingt Besuch in Friedestrom machen, aber er sollte vorher zur Einstimmung die ca. 1100 Meter lange Stadtmauer entlangschlendern, denn dabei kann sich Zons als sogenanntes „Niederrheinisches Rothenburg" noch immer ins rechte Licht setzen und seinen für zahlreiche Touristen und Maler unwiderstehlichen Zauber entfalten. Mal führt der Weg innerhalb, mal außerhalb der Mauer entlang, mal blickt man nach innen aufs immer noch gut bewahrte mittelalterliche Stadtbild mit kleinen, hutzligen Häuschen und malerischen Gäßchen und dann wieder nach draußen in die weite niederrheinische Landschaft mit einzelnen Baumgruppen, Wiesen und friedlich weidenden Kühen.

Obwohl die neue Zeit von Norden und Westen mit modischen Einfamilienhäusern, Tankstelle und Läden sowie verkehrsreicher Landstraße auf Tuchfühlung an die Stadtmauer herangerückt ist, übt die mittelalterlich anmutende Stadtidylle noch immer ihre bewährte Anziehungskraft aus.

Dabei ist wenigen Besuchern bewußt, daß das mittelalterliche Zons innerhalb der Mauer in verhältnismäßig kurzer Zeit aus nüchternen zollpolitischen Gründen angelegt wurde. Schon vorher hat allerdings hier schon einmal eine Burg bestanden. Sie wurde nach der Schlacht von Worringen 1288 dem Erdboden gleichgemacht, und das noch verwertbare Baumaterial fand bei Ausbesserungsarbeiten an der Kölner Stadtmauer Verwendung. Die Nachrichten aus dieser Zeit sind jedoch recht vage. Zu einiger Bedeutung gelangte das

Dorf erst unter Erzbischof Friedrich III. von Saarwerden (1370 bis 1414), als dieser 1372 den Rheinzoll von Neuss nach Zons verlegte. Jeder Schiffer, der stromauf oder stromab bestimmte Waren transportierte (u.a. Wein, Salz, Steinkohle, Korn, Schmalz, Heringe, aber auch Basaltlava aus Niedermendig, die sich zur Herstellung hochwertiger Mühlsteine geeignet haben soll), mußte seitdem in Zons zugunsten des Erzbischofs tief in die Tasche greifen. Das erforderte einigen Verwaltungsaufwand und die gelegentliche persönliche Anwesenheit des Erzbischofs. Deshalb ließ Friedrich von Saarwerden das nach ihm benannte Schloß Friedestrom bauen, und da Schloß und Zolleinnahmestelle eines gewissen Schutzes bedurften, wurde das kleine Zons zur Stadt erhoben.

Ob diese Ehre den Zonsern große Freude bereitet hat, steht dahin. Sie war nämlich mit erheblichen Verpflichtungen verbunden. Die Bürger mußten den Ort streng nach Maßgabe des Erzbischofs mit Toren, Türmen, Mauern und Gräben umgeben. Dem auf der Burg oder dem Schloß wohnenden Amtmann als ständigem Vertreter des Erzbischofs mußte unbedingter Gehorsam geleistet werden. Jeden Abend waren die Schlüssel der Stadttore auf der Burg abzugeben. Am 29. Juni 1373 wird in alten Urkunden zum erstenmal die Burg „Vredestrom" genannt, und seit 1377 hält sich der Erzbischof und Herrscher des kurkölnischen Territoriums zur Überwachung seiner Zollpfründe regelmäßig einige Tage in Zons auf, was darauf schließen läßt, daß die Burg zu diesem Zeitpunkt weitgehend fertiggestellt gewesen sein muß. Die einheitlichen Bauformen an Burg, Mauern und Türmen lassen vermuten, daß sie alle in einem Zuge wahrscheinlich noch zu Lebzeiten des Stadtgründers entstanden sind.

Es mag die Zonser Bürger wenig gekümmert haben, daß ihre kleine Stadt bis zur Mitte des 15. Jahrhunderts zur Ehre des Stadtgründers in Urkunden „Fritzstrom" genannt wurde. Vermutlich dürfte ihnen auch gleichgültig gewesen sein, daß die Herrschenden ihren Ort mit dem lukrativen Zoll als begehrtes Pfandobjekt bei Finanzgeschäften hin und her schoben. Schwer zugesetzt haben den Zonsern dagegen immer

Der Zonser Zollturm – ein Ausguck zur Rheinseite hin. Er beherbergte mit Erweiterungsbauten im 19. Jahrhundert Franziskanerinnen und Schwestern vom heiligen Vinzenz. Heute gehört er der katholischen Pfarrgemeinde Zons.

Blick auf das Schloßgelände von Süden. Es diente über 150 Jahre als Gutshof und wurde 1962 von der Stadt Zons aufgekauft. Hier entsteht als Ergänzung zum Museum im Herrenhaus der Vorburg ein kreatives Zentrum für Künstler und Publikum.

Der Juddeturm mit der schlanken Schieferhaube. Er sicherte früher das Burggelände nach der Stadt hin ab. Sein Name wird auf eine alte Zonser Familie zurückgeführt.

wieder Brände und Plünderungen. Beim Stadtbrand 1620 blieben nur fünf Häuser unversehrt. Der Dreißigjährige Krieg, der Spanische Erbfolgekrieg und der Siebenjährige Krieg hinterließen ihre Spuren. Doch wenn auch Stadtmauer und Häuser zumal im Dreißigjährigen Krieg schwer in Mitleidenschaft gezogen wurden, so scheinen doch Burg und Festung Friedestrom erfolgreich Widerstand geleistet zu haben. Der Burgbezirk nahm in der Südostecke der Stadt mehr als ein Fünftel der etwa 7,1 Hektar umfassenden Stadtfläche ein. Sein Umfang läßt sich heute noch gut erkennen. Er umfaßt die Hauptburg mit Graben und die Vorburg, die zur Stadt hin mit einer Mauer und dem mit schlanker Schieferhaube ausgestatteten Juddeturm abgesichert ist. Die Burg war eine Festung innerhalb der Stadtmauer und konnte auch dann verteidigt werden, wenn die Stadt schon eingenommen war oder Bürger sich gegen den eigenen Burgherrn aufgelehnt hätten.

Schon im 18. Jahrhundert war die Burg so baufällig, daß sie von den Bürgern als Steinbruch benutzt wurde. Museumsleiterin und Stadthistorikerin Helene Blum führt als Beweis an, daß an zahlreichen Häusern von der Burg stammende Basaltsteine und Architekturfragmente wiederzufinden sind. Das ganze Burggelände diente zuletzt 150 Jahre als Gutshof und wurde 1962 von der Stadt erworben. Von der einstigen Burgherrlichkeit existiert neben dem nach einer Zonser Familie benannten Juddeturm nur noch das Herrenhaus in der Vorburg, allerdings in einer Gestalt aus dem 17. Jahrhundert. Seine Fundamente und Kellergewölbe reichen aber in die Gründungszeit der Stadt zurück.

Wer heute das breit hingelagerte, mit gelb getünchter Fassade und rot-weißen Fensterläden geschmückte Haus betritt, erlebt ein Museum besonderer Art. Die hellen, hohen Räume mit reizvollen Aussichten nach allen Seiten haben eine eigene Atmosphäre, der sich kaum jemand entziehen kann. Dazu kommt eine bewegliche und erfindungsreiche Ausstellungspolitik, die neben allgemeinen kunst- und kulturgeschichtlichen Themen stets auch Themen mit unmittelbarem Gegenwartsbezug aus dem Umfeld der Nachbarschaft berücksichtigt. Sonderausstellungen wie beispielsweise „Rheinfischerei", „Mit dem Fahrrad durch zwei Jahrhunderte" oder „Vom Korn zum Brot" erreichten hohe Besucherzahlen. Neueste Erwerbung ist die einzigartige Sammlung „Zinn des Jugendstils" von Giorgio Silzer, dem Ersten Konzertmeister der Deutschen Oper Berlin. Sie wurde nach einer sehr erfolgreichen Ausstellung 1978 in Zons kürzlich für 1,5 Millionen Mark mit Hilfe des Landes und des Landschaftsverbandes für das Kreismuseum angekauft. Die Zonser Kammerkonzerte in den Gewölben des einstigen Herrenhauses mit ihrer ausgezeichneten Akustik sind längst ein Geheimtip für anspruchsvolle Konzertfreunde nicht nur aus näherer Umgebung.

Vor einigen Jahren wurde der mit glücklichem Ergebnis restaurierte ehemalige Pferdestall unmittelbar neben dem Herrenhaus dem Museum einverleibt. Er vermittelt jetzt einen Eindruck von der heimischen Fischerei. Fischereimeister Simon Wirtz aus Grimlinghausen präsentiert Geräte, die er noch selbst benutzt hat: ein riesiges Netz zwischen malerisch drapierten Aalreusen, einen Aalschocker und ein Fischerboot. Die großen, jetzt verglasten Tore des ehemaligen Pferdestalls geben den Blick aufs ganze Gelände der alten Burg frei: eine weite, mit prächtigen Kastanien durchsetzte Grünfläche, ein aufgebockter Hitdorfer Kahn, der wegen seiner Größe im Hause nicht untergebracht werden konnte, und an der Seite eine Baustelle. Dort verwandeln sich bescheidene Reste ehemaliger Gutsgebäude in ein kreatives Zentrum für Künstler und Publikum, in das auch Herr und Frau Jedermann zur Erprobung ihrer schöpferischen Fähigkeiten eingeladen werden sollen. Die weiten Grünflächen werden demnächst als Erholungszentrum geöffnet. Kann es eine bessere Verwendung für Friedestrom geben?

Personenverzeichnis

Quellennachweis

Achter, Irmingard: *Schloß Mickeln und die Genueser Villen der Hochrenaissance* aus der *Festschrift zur Einweihung der Heimvolkshochschule der Landeshauptstadt Düsseldorf in Düsseldorf-Himmelgeist.* Herausgeber Volkshochschule der Landeshauptstadt Düsseldorf 1978.

Barth, Emil: *Der Wandelstern.* Claassen-Verlag, Hamburg 1949

Blech, Hermann: *Benrath im Spiegel der Jahrhunderte,* aus *Benrather Heimatgeschichte,* herausgegeben vom Benrather Kulturkreis, Rheinisch-Bergische Druckerei- und Verlagsgesellschaft, Düsseldorf 1974

Blum, Helene: *600 Jahre Stadt Zons, 1373–1973.* Herausgeber Kreisverwaltung Grevenbroich 1973

Brües, Eva: *Schloß Rheydt in Mönchengladbach,* Rheinische Kunststätten, Heft 205. Herausgegeben vom Rheinischen Verein für Denkmalpflege und Landschaftsschutz. Verlag Gesellschaft für Buchdruckerei, Neuss 1979

Burgsdorff, Alhard von und Karl Siegmar von Galéra: *Garath, Menschen und Schicksale um ein adliges Haus.* Aloys Henn Verlag, Ratingen 1958. Hierzu Anmerkungen von Wilhelm Joseph Sonnen in den *Annalen des historischen Vereines für den Niederrhein,* 1960.

Clemen, Paul: *Die Kunstdenkmäler der Rheinprovinz,* Band 3, Düsseldorf 1894

Delvos, Hubert: *Geschichte der Düsseldorfer Denkmäler, Gedenktafeln und Brunnen,* Verlag L. Schwann, Düsseldorf 1938

Eulenberg, Herbert: *Ein Wanderbuch rund um Düsseldorf.* Verlag August Bagel, Düsseldorf 1920

Heck, Karl: *Schloß Linnep bei Kettwig* aus *Monatsschrift des Bergischen Geschichtsvereins* 1920, Heft Nr. 7/8, Juli, August.

Herder, Paul: *Wanderwege um Düsseldorf,* Verlag Michael Triltsch, Düsseldorf 1974

Hermanns, Aloys: *Geschichte von Benrath und Umgebung.* Benrath 1889, ergänzt von R. Tischler 1909

Heuser, Carl Otto: *Das Bankhaus C. G. Trinkaus in Vergangenheit und Gegenwart,* aus *175 Jahre C. G. Trinkaus,* Verlag L. Schwann, Düsseldorf 1960

Jansen, Brigitte und Walter: *Burgen, Schlösser und Hofesfesten im Kreis Neuss.* Gesellschaft für Buchdruckerei, Neuss 1980

Kemper, Franz: *Benrath – Reisholz* aus *Düsseldorf, das Buch der Stadt,* herausgegeben in der Reihe *Deutsche Städtebaukunst* von Hans Arthur Lux. Deutsche Kunst- und Verlagsanstalt, Düsseldorf 1925

Kisky, Hans, Alexander von Reitzenstein und Hermann Mattern: *Schloß Dyck, Bauten, Waffensammlung und Park,* Rheinische Kunststätten, Heft 25. Herausgegeben vom Rheinischen Verein für Denkmalpflege und Landschaftsschutz. Verlag Gesellschaft für Buchdruckerei, Neuss 1976

Klein, Adalbert: *Schloß Benrath, die alten Schlösser und das neue Jagdschloß.* Rheinische Bücherei, Aloys Henn Verlag, Ratingen 1952

Klein, Adalbert: *Die Benrather Schlösser,* aus *Benrather Heimatgeschichte,* herausgegeben vom Benrather Kulturkreis, Rheinisch-Bergische Druckerei- und Verlagsgesellschaft, Düsseldorf 1974

Knopp, Gisbert: *Schloß Mickeln, Geschichte, Baugeschichte und ursprüngliche Ausstattung* aus der *Festschrift zur Einweihung der Heimvolkshochschule der Landeshauptstadt Düsseldorf in Düsseldorf-Himmelgeist.* Herausgeber Volkshochschule der Landeshauptstadt Düsseldorf, 1978

Knopp, Gisbert: *Düsseldorf-Himmelgeist,* Rheinische Kunststätten, Heft 215. Herausgegeben vom Rheinischen Verein für Denkmalpflege und Landschaftsschutz. Verlag Gesellschaft für Buchdruckerei, Neuss 1978

Lang, J. G.: *Reise auf dem Rhein.* Koblenz 1789–1790, aus *Düsseldorf, Impressionen und Profile,* herausgegeben von Erich Wenzel, Dr. Hans Peters Verlag, Honnef/Rhein 1956

Lau, Friedrich: *Geschichte der Stadt Düsseldorf von den Anfängen bis 1815.* Verlag Bagel, Düsseldorf 1921

Markowitz, Irene: *Die Monumentalmalerei der Düsseldorfer Malerschule.* Aus *Zweihundert Jahre Kunstakademie Düsseldorf,* herausgegeben für die Ernst-Forberg-Stiftung von Eduard Trier, Düsseldorf 1973

Markowitz, Irene: *Schloß Benrath.* Düsseldorf 1975

Peters, Heinz: *Meisterwerke der Düsseldorfer Galerie.* Dr. Hans Peters Verlag, Honnef/Rhein 1955

Peters, Heinz: *Schloß Benrath,* herausgegeben vom Kulturamt der Stadt Düsseldorf, 1961

Pfeffer, Klaus: *Düsseldorf – Anlagen und Bauten des 19. Jahrhunderts,* Rheinische Kunststätten, Heft 8. Herausgegeben vom Rheinischen Verein für Denkmalpflege und Landschaftsschutz. Verlag Gesellschaft für Buchdruckerei, Neuss 1973

Pfeffer, Klaus: *Düsseldorf Kalkum,* Rheinische Kunststätten, Heft 10. Herausgegeben vom Rheinischen Verein für Denkmalpflege und Landschaftsschutz. Verlag Gesellschaft für Buchdruckerei, Neuss 1975

Rümmler, Else: *Düsseldorf zur Zeit Grupellos,* Anmerkungen im Katalog der gleichnamigen Ausstellung im Stadtgeschichtlichen Museum, Düsseldorf 1971

Rümmler, Else: *Historische und topographische Notizen,* aus *Erinnerungen von Düsseldorf und der Umgegend,* ein Album mit Aquarellen von Caspar Scheuren im Stadtgeschichtlichen Museum Düsseldorf. Faksimile-Ausgabe im Gebr. Mann Verlag, Berlin 1975

Ruland, Josef: *Kulturpflege in der Rheinprovinz,* aus *Das Rheinland in preußischer Zeit,* herausgegeben von Walter Först. G. Grote'sche Verlagsbuchhandlung, Köln und Berlin 1965

Scharff von Scharffenstein, Hermann: *Denkwürdigkeiten eines Royalisten.* Berlin 1859

Schmitz, Heinz: *Schloß Heltorf und das Geschlecht der Grafen von Spee* aus *Angermunder Land und Leute,* Band I, Triltsch Verlag, Düsseldorf 1979

Schubert, Hans: *Haus Eller bei Düsseldorf, Geschichte eines niederrheinischen Edelsitzes.* Verlag August Bagel, Düsseldorf 1910

Spohr, Edmund: *Düsseldorf Stadt und Festung,* Pädagogischer Verlag Schwann, Düsseldorf 1979

Steeger, Albert: *Burg Linn in Krefeld,* Rheinische Kunststätten, Heft 70, herausgegeben vom Rheinischen Verein für Denkmalpflege und Landschaftsschutz. Verlag Gesellschaft für Buchdruckerei, Neuss 1977

Stolz, Heinz: *Düsseldorf, ein Haus- und Lesebuch,* herausgegeben im Auftrag des Heimatvereins Düsseldorfer Jonges, Verlag L. Schwann, Düsseldorf 1958

Suter, Wilhelm: *Lohnende Wanderziele im Gebiet von Benrath und Zons, in der Heide, an den Rheinufern und am Niederrhein,* Droste Verlag, Düsseldorf

Weidenhaupt, Hugo: *Aus der Geschichte von Schloß Eller,* herausgegeben vom Kulturamt der Stadt Düsseldorf

Weidenhaupt, Hugo: *Kleine Geschichte der Stadt Düsseldorf.* Triltsch Verlag, Düsseldorf 1980

Wildeman, Theodor: *Rheinische Wasserburgen und wasserumwehrte Schloßbauten.* Herausgeber Rheinischer Verein für Denkmalpflege und Heimatschutz. Verlag Gesellschaft für Buchdruckerei, Neuss 1954